智慧城市中绿色建筑与暖通空调设计分析

南 北 著

北京工业大学出版社

图书在版编目（CIP）数据

智慧城市中绿色建筑与暖通空调设计分析 / 南北著. — 北京 : 北京工业大学出版社，2021.2（2022.10 重印）
ISBN 978-7-5639-7869-4

Ⅰ. ①智… Ⅱ. ①南… Ⅲ. ①生态建筑－智能设计②生态建筑－采暖设备－建筑设计③生态建筑－通风设备－建筑设计④生态建筑－空气调节设备－建筑设计 Ⅳ. ① TU201.5

中国版本图书馆 CIP 数据核字（2021）第 034156 号

智慧城市中绿色建筑与暖通空调设计分析

ZHIHUI CHENGSHI ZHONG LÜSE JIANZHU YU NUANTONG KONGTIAO SHEJI FENXI

著　　者：南　北
责任编辑：李俊焕
封面设计：知更壹点
出版发行：北京工业大学出版社
（北京市朝阳区平乐园 100 号　邮编：100124）
010-67391722（传真）　bgdcbs@sina.com
经销单位：全国各地新华书店
承印单位：三河市元兴印务有限公司
开　　本：710 毫米 ×1000 毫米　1/16
印　　张：6.75
字　　数：135 千字
版　　次：2021 年 2 月第 1 版
印　　次：2022 年 10 月第 2 次印刷
标准书号：ISBN 978-7-5639-7869-4
定　　价：45.00 元

作者简介

南北，女，汉族，1983年4月出生，山东淄博人。现任职于淄博市规划设计研究院，高级职称，工作以来参与多项暖通设计工程，并荣获多项奖项。

前　言

随着科学技术水平的不断提升，人们的生活方式正在发生巨大的转变，智能化、自动化技术越来越多地应用在人们的生活中。人们更加追求生活、工作的舒适和方便，因此智慧城市、绿色建筑等相继发展起来。人们舒适的生活环境离不开空调系统，而在智慧城市中绿色建筑和暖通空调设计为人们提供了舒适的环境。在绿色建筑暖通空调设计过程中需要遵循节能减排的理念，确保暖通空调设计与可持续发展目标相符合，实现能源的有效节约。

全书共六章。第一章为绪论，主要阐述了智慧城市的理念、绿色建筑的起源与发展、绿色建筑与可持续发展、绿色建筑与智慧城市等内容；第二章为绿色建筑设计的基本理论，主要阐述了绿色建筑设计的依据与原则、绿色建筑设计的内容与要求、绿色建筑设计的程序与方法、绿色建筑的评价标准与方法等内容；第三章为绿色建筑设计的技术支持，主要阐述了绿色建筑的节地与节水技术、绿色建筑的节能与节材技术、绿色建筑的室内外环境技术、绿色建筑协同创新优化技术等内容；第四章为绿色建筑的暖通空调设计，主要阐述了绿色建筑暖通空调技术、绿色建筑暖通空调设计、大数据条件下智慧城市的暖通空调设计等内容；第五章为绿色建筑的智能设计，主要阐述了建筑性能智能设计趋势、绿色建筑的智能化技术、智能设计与可再生能源建筑实例等内容；第六章为国内外典型的绿色智能建筑，主要阐述了欧洲绿色办公建筑、中国绿色办公建筑、绿色公共建筑典范、绿色居住建筑典范等内容。

为了确保研究内容的丰富性和多样性，作者在写作过程中参考了大量理论与研究文献，在此向涉及的专家学者们表示衷心的感谢。

最后，限于作者水平有限，加之时间仓促，本书难免存在一些不足之处，在此恳请同行专家和读者朋友批评指正。

目　录

第一章　绪论

智慧城市是一个崭新的概念，是一个经济发展、社会进步、生态保护三者保持高度和谐，技术和自然达到充分融合，环境清洁、优美、舒适，从而能最大限度地发挥人类的创造力、生产力，并促使城市文明程度不断提高的稳定、协调与持续发展的自然和人工环境复合系统。本章分为智慧城市的理念、绿色建筑的起源与发展、绿色建筑与可持续发展、绿色建筑与智慧城市四部分。主要内容包括智慧城市理念的起源、我国智慧城市的发展境况、绿色建筑的概念、绿色建筑的类型划分、绿色建筑发展的可行性与必要性等方面。

第一节　智慧城市的理念

一、智慧城市理念的起源

社会与人口问题表现为城市的人口数量大幅度增长，公共设施资源难以支撑如此大规模城市人口的需求，城市的经济发展和正常运转已经受到极大影响。公共交通、医疗卫生、公共教育等民生资源的短缺已经开始显现。

生态环境的恶化表现为生态资源的容量不是无限的，污染问题的日趋严重驱使城市必须持续降低碳排放，同时探寻更多的绿色能源。到 2022 年，全球汽车保有总数预计超过 15 亿辆，有九成以上水资源受到不同程度的污染，我们极度迫切需要寻求新的方法来解决这一问题。智慧城市这一概念便是基于以上背景应运而生。它自美国兴起，在 2009 年诞生于美国 IBM 公司提出的智慧地球理念。它提出构建智慧地球，要从城市开始。

在 2008 年全球金融危机发生后，这无异于给了世界各国一个信号：智慧城市将是重振全球经济发展的重要领域，它将被用于解决城市发展所遇到的问题。

智慧城市将人文和技术融合在一起，以数字信息技术、5G 通信、大数据为技术依托，融合精细化的管理方式，对城市进行动态化的管理，将城市中的人、建筑、设备进行智能化的统一调度，围绕“人”来建设整个城市，并且用智能化的方式来调节城市体系中的各个结构关系，为人带来更便捷、美好的生活，同时也促进城市健康的发展。

二、我国智慧城市的发展境况

当前，我国智慧城市理念的推广和城市的试点建设工作也正在陆续开展。我国政府对智慧城市建设不断提供政策方面的支持，大量社会资本也闻风而动开始投入其中。据互联网数据中心（IDC）预测，到2023年，我国在智慧城市建设方面的各种技术支出将达到389.23亿美元，年增长率近15%。

智慧城市的整体市场规模加速扩大得益于我国快速发展的信息化技术和不断提升的城市化水平。大数据、云计算、物联网等关键性的基础技术发展成为我国智慧城市发展的坚固基石。目前，我国的云计算技术已经可以支持混合云平台、海量并发、多种云管理等复杂场景。其中，关键指标和水平已经处于国际一线水平。

第二节　绿色建筑的起源与发展

一、绿色建筑的起源

2015年12月20日召开的中央城市工作会议明确了新时期的建筑方针，即“适用、经济、绿色、美观”。“绿色”这一字眼首次出现在我国的建筑方针中。随着资源的大量利用，建筑领域对于节能、可持续等理念的重视程度加深，原先“适用、经济、在可能的条件下注意美观”的方针难以完全满足现阶段建筑行业发展的趋势及社会对于节约能源的需求。“绿色”“低碳”成为新时期城乡建设的内涵。

二、绿色建筑的概念

绿色建筑是一种高质量建筑，既能在以人为本的前提下更好地处理与自然的关系，最大限度地保护环境，同时又能满足人们对于美好生活的追求。它主要是指对环境不会产生不好的影响，还能够充分利用环境自然资源，且在尽量维持周围环境原本平衡前提下的一种与自然环境共生的建筑。

首先，在建筑的建设过程中，绿色理念将渗透到所有环节当中，从最开始的设计，到使用，再到最后的拆除，绿色理念无处不在，将为使用者提供自然的宜居环境。其次，与传统方式建筑相比，其在设计的过程中会充分考虑周围的人文、生态环境等因素，从而进行有针对性的设计，使其融入周围的环境当中，成为地标建筑。再次，在融合的同时，绿色建筑会充分整合各类自然资源，进行优化使用，包括阳光、水源、绿化、空气、建筑等，使建筑空间、外部环境可以有效地互为补充，形成绿色一体化的格局。总的来说，绿色建筑理念的普及是整个建筑行业的必然发展方向，而要普及理念，建立有效的绿色建筑评价体系就显得尤为重要。

根据2019年我国住房和城乡建设部《绿色建筑评价标准》的公告，主要应以节能、环保、绿色为基本点，遵循因地制宜的原则，结合所建建筑地区的各种环境特点，对建筑全寿命期内的传统“五大指标体系”和“提高与创新”六大指标进行综合评价。绿色建筑既减少了资源的消耗，又增加了建筑使用寿命，还减少了建筑对自然产生的破坏，突出了在整个建筑环节内统筹考虑的原则，强调了经济、环保、绿色的原则，更好地处理了建筑与自然的关系。

三、绿色建筑发展的可行性与必要性

（一）绿色建筑发展的必要性

建筑业对资源与环境的影响巨大，关系着社会的健康。为摆脱我国建筑行业长久以来的“粗放用能”模式所产生的生态环境的恶化与能源资源紧缺的负面效应，建筑行业走“绿色、经济”的道路势在必行。大力发展绿色建筑是提升行业竞争力，向精细化、清洁化的经济发展模式转变的关键，是走可持续发展道路，实现绿水青山目标的重要举措。

大量研究表明，建筑除了消耗过多的资源与能源外，在其建造过程中也会产生不同程度的土地侵占、粉尘污染、光污染和噪声污染等生态环境问题，尤其是产生的建筑垃圾会加重雾霾天气的形成与恶化。中国科学院的研究报告显示，我国每年产生的建筑垃圾达24亿吨且回收利用率不高，处理方式也以掩埋、焚烧等传统手段为主。一部分有毒有害的建筑垃圾在掩埋的过程中分解，污染了土壤，使附着于土地之上的农作物也受到影响。建筑垃圾在焚烧的过程中会产生大量的有害气体，使空气质量恶化，危害身体健康，而无法处理的建筑垃圾加剧了环境的恶化程度，影响着环境本身的新陈代谢。

另外，建筑业还被称为雾霾的“四大元凶”之一，雾霾不仅阻碍了人们的日常出行与室外活动，更重要的是可能导致人们患上肺炎、哮喘等多种呼吸道疾病。在我国城市化进程进一步加快的背景下，建筑污染、扬尘等对环境的影响越来越大，降低了人们的生活质量，加重了环境负担，破坏了生态的平衡。走绿色发展的道路刻不容缓。绿色建筑“四节一保”的特性，在实现节约资源的同时，还可提升建筑本身的性能与居住的舒适度，达到人居效益与生态环境效益的统一。大力发展绿色建筑，是实现建筑行业转型，走资源节约、环境保护道路的必然选择，也是新时期实现我国绿色发展的必然要求。

（二）绿色建筑发展的可行性

绿色建筑虽拥有传统建筑不具备的诸多优点，但要现实推广可行，除了理论上的生态环保、节约能源外，还需考虑更迫切、现实的经济成本和收益。倘若开发商开发绿色建筑需付出比开发传统建筑更高的成本而收益却不高于传统建筑，甚至低于传统建筑，可以想见，开发商必然缺少开发绿色建筑的动力；若民众没有消费能力或者消费后无法负担绿色建筑后续的使用成本，那么消费者的消费意愿也不会向绿色建筑倾斜。此外，与绿色建筑相关的设计、建材等配套市场也会考虑设计、建材成本。因此，既要从理论上探究绿色建筑发展的可行性，也要探究实践中的可行性。

绿色建筑选取的是可回收、可分解的建材，还需考虑节能、节水等设备如何嵌入建筑等复杂的设计，仅施工的额外增加费用就占总投资的2%。总体评估，绿色建筑的初始成本比传统建筑高5%～20%。这无疑增加了投资商和开发商的成本，而开发商为转嫁成本必然提升价格，最终由消费者承担。

但初始成本的增加换来的是传统建筑不具备的经济收益，这集中在对土地、能源、水资源的节约三个方面。首先，绿色建筑对能源的节约主要体现在对太阳能的运用上。作为一种可再生的清洁能源，一座绿色建筑仅一年就可产生近3000元的经济收益，规模化的将实现*N*倍的收益。其次，节水技术与设备改变了“供给—排放”模式，转变为“供给、排放、贮存、处理、再利用”模式，将水资源循环利用。最后，绿色建筑充分利用地下空间、旧有建筑和废弃场地，提高了现有土地的使用率，不占用额外的土地资源。

除了经济收益外，绿色建筑所追求和实现的社会价值同样值得关注。绿色建筑选取的建材大多为可回收、可无害消解的材料，避免了资源浪费，有利于缓解建筑污染。循环功能促进了资源的多次利用，优化了资源的利用效率，避免了高耗能所造成的污染和浪费。

四、绿色建筑发展的总体情况和问题

（一）发展总体情况

1. 发展规模不断扩大

我国自 2008 年 4 月开始正式实施绿色建筑评价标识制度来，截至 2020 年年底，全国城镇建设绿色建筑面积累计超过 50 亿平方米，2020 年当年新建绿色建筑占城镇新建民用建筑的比例达到 77%，获得绿色建筑评价标识的项目达到2.47万个，建筑面积超过25.69亿平方米，并树立了一批示范项目和标杆项目。绿色建筑在节地、节能、节水、节材和环境友好等方面的综合效益已初步显现。

2. 绿色建筑的技术支撑不断夯实

随着国家科技专项、住房和城乡建设部科技计划支持绿色建筑基础性研究，绿色建筑规划设计、既有建筑绿色化改造、绿色建造等共性关键技术取得突破，绿色建材和产品性能不断提升。绿色建筑与互联网融合，运用物联网、云计算、大数据等技术，提高节能、节水、节材的效果，降低温室气体排放。

此外，一些绿色技术在部分地区已逐步强制推广应用，加之“被动技术优先、主动技术优化”等绿色建筑理念的认识不断深入，许多增量成本低、地域适应性好、技术体系成熟的绿色建筑技术逐渐被市场接受，绿色建筑的增量成本逐年降低。

3. 推动绿色发展的政策框架基本建立

一是明确了绿色建筑发展的战略和目标。2013 年国家《绿色建筑行动方案》以及各地绿色建筑行动实施方案、2014 年《国家新型城镇化规划（2014—2020 年）》，逐步明确了绿色建筑的发展战略与目标要求。中央城市工作会议进一步明确绿色战略导向。多省市在建设事业或节能减排“十三五”规划中也对绿色建筑相关内容做出了要求。

二是推进路径基本确定。主要通过“强制”与“激励”相结合的方式推动绿色建筑发展。

4. 建立使用者监督机制保障绿色住宅性能品质

围绕提高人民群众获得感、幸福感和安全感，提高绿色住宅工程质量，兑现绿色住宅品质性能，重点地区试点推动绿色住宅使用者监督机制，要求商品住宅交付使用时，开发建设单位向购买人提供明确了绿色性能指标要求的《商品住宅质量保证书》和《商品住宅使用说明书》，接受购买人监督查验。

（二）绿色建筑发展存在的主要问题

1. 发展不平衡不充分

绿色建筑比例依然偏低。截至 2018 年年底，全国城镇累计建设绿色建筑 30 多亿平方米，与我国每年约 20 亿平方米的增长规模相比，仍然是杯水车薪，无法将绿色效益规模化。

绿色建筑发展重设计、轻运行问题突出。绿色建筑运行标识项目仅占标识项目总量的约 6%，绿色建筑设计与建设、运行脱节，“图纸上的绿色建筑”问题突出，用户实际体验感不强。

地域分布不平衡。大部分项目主要集中在经济发达的东部沿海地区，中西部等经济欠发达地区相对较少。

2. 支撑绿色建筑发展的上位法缺失

《建筑法》未涉及绿色建筑；行政法规《民用建筑节能条例》《公共建筑节能条例》缺少绿色相关内容要求；地方性法规不完善，多数地方尚未出台促进绿色建筑发展的行政法规。目前，推动绿色建筑发展主要工作依据仅为《绿色建筑行动方案》等政策文件，难以有效统筹协调各部门形成工作合力，相关政策执行力度降低。

3. 绿色建筑质量监管机制有待完善

对于强制执行绿色建筑标准的项目，缺乏从规划、设计、施工、竣工的质量监管，个别地方将绿色要求纳入施工图审查要点，但缺乏规划环节和竣工环节的把控，难以保障绿色质量。

另外，评价标识监管制度也有待完善。而且，在中央高度重视推进政府职能转变和“放管服”改革工作背景下，各地持续推动工程建设项目审批制度改革和优化营商环境改革，“放管服”与高质量发展等矛盾与问题也愈加凸显。

4. 以市场为主导推动绿色建筑发展的长效机制尚未形成

绿色建筑的发展仍主要由政府推动，尚未建立能够充分发挥市场配置资源的决定性作用、调动企业参与绿色建筑发展的积极性、加大市场主体的融资力度的全面推进绿色建筑市场化发展的机制。从供给侧来看，虽然绿色建筑全寿命期投入产出比一般高于传统建筑，但在前期建造环节难以获得直接收益，开发商往往不愿增加成本投入。现行激励政策设计又往往有缺失或打不到痛点，如房价限制、造价制度落后等，造成市场内生动力不足。同时，绿色建筑的市场需求尚未形成，绿色建筑理念宣传不够，各界缺乏对其内涵的了解，以消费者为主体的绿色建筑市场环境尚未形成。

国际上也有调查研究表明，初投资较高、缺乏政策支持或激励、负担能力限制和缺少公众关注是绿色建筑发展的主要障碍，而客户需求和环保法规是建筑绿色化的首要动力。

第三节　绿色建筑与可持续发展

一、绿色建筑的理念

（一）绿色建筑理念的现状

随着地球环境的恶劣变化，人们对于绿色的呼声逐渐增强，绿色生活受到越来越多人的欢迎，使得建筑行业不得不朝着绿色、健康的理念不断努力，才能建出符合时代需求的建筑。

我国绿色建筑虽然发展时间短，但发展迅速，已初步形成体系。为深入贯彻落实党的十九大精神，我国对《绿色建筑评价标准》进行了修订，发布了国家标准《绿色建筑评价标准》2019 最新版。自 2006 年第一版发布以来，历经十余年的多次改版修订，此次修订之后的“新标准”将作为我国绿色建筑发展的纲领性标准，总体上达到国际领先水平。新标准更加注重品质，从百姓的需求出发，将助力绿色建筑转型提升，推动建材行业的绿色开发。截至2019年年底，全国城镇建设绿色建筑面积累计超过 25 亿平方米，绿色建筑占城镇新建民用建筑比例超过 40%，获得绿色建筑评价标识的项目超过 1 万个。这些示范绿色项目将继续引领建筑行业，给绿色发展树立鲜明的旗帜。

1. 标准体系不断完善

目前，包括校园、医院和生态城等行业都通过了相应的绿色评价体系，全国多省市发布了因地制宜的评价体系。这些标准体系的发布，囊括了建筑过程的不同阶段，很好地促进了绿色建筑的发展。

2. 工艺技术不断提升

国家和地区多部门支持对绿色建筑的理论性研究，举办各种建筑技术和产品交流的会议，鼓励绿色建筑创新的奖励政策，促进绿色建筑从设计理念到建造过程整个周期中的多维度技术创新。此外，结合大数据，绿色建筑与互联网融合，运用最新技术，将绿色进一步体现出来，增加居住空间的舒适度。

3. 立法工作不断推进

《中华人民共和国节约能源法》《公共机构节能条例》《民用建筑节能条例》等多部法律法规的陆续出台，不仅保护了绿色建筑进一步提升，也符合了国家绿色建筑发展的目标，意义重大。自国家启动绿色建筑法律制定发布工作以来，天津、河北、江苏、重庆等省市也相应地制定了符合当地发展的绿色建筑法规，绿色建筑已初显法律效应。

4. "修之于国，其德乃丰"

绿色建筑包含了对环境、资源和人文等方面诸多绿色研究，是绿水青山的一部分，是中国可持续发展的重要一步，将影响人民群众生活的方方面面。党的十八大以来，绿色发展理念深入人心，绿色理念已经逐渐渗透到整个建筑过程当中，得到了很好的成效。

（二）绿色建筑理念的特点

1. 利用自然

绿色建筑根据不同地区的自然环境、人文环境，采取不同的设计理念，不存在固定的建筑套路和目的。绿色建筑充分利用自然清洁能源，如太阳能、风能、水资源，强调房屋内部与外界环境的沟通，这种开放包容的理念不同于传统建筑的封闭布局。

2. 节能环保

绿色建筑需要融入自然，成为自然的一部分，充分利用周围的各种资源，这样才能利用更少的建筑材料，做到保护资源和生态保护。同时在建材的使用方面，要考虑到建材的回收再利用，合理处置建筑垃圾，减少对环境的污染。

3. 健康舒适

人们对于建筑物的首要要求就是一个舒适安全的环境，能够在里面健康地生活，这也是建筑物最基本的功能。各种病毒已经给我们带来了无数次的伤害，特别是最近全球大范围新型冠状病毒肺炎疫情暴发，环境健康问题更加凸显，百姓对于一个健康生活环境的需求更加迫切。

4. 回归自然

回归自然就是要建筑设计者在设计时应将周围的环境因素充分考虑进去，让建筑物融入环境当中，不再使用对环境有污染的建材，保护生态环境，做到与环境协调一致，同时又与自然和谐相处。

绿色建筑设计中，应合理使用新能源，避免破坏周围的生态环境，尊重建筑自然循环设计的基本原则。所以在建筑设计时，应当充分结合绿色元素和绿色理念，真正实现经济效益与生态效益兼顾的目标。绿色理念的合理应用能够将建筑过程中的资源得到更大化的利用。这样不仅避免了很多建筑全生命周期过程中产生的环境污染，也满足了人们对于舒适健康环境的基本需求。因此，绿色建筑理念得到越来越多的建筑设计者的认同和广泛的应用，以符合建筑行业的发展趋势。

二、绿色建筑的类型划分

绿色建筑并非单指某一建筑，而是一个集合性的上位概念，代表着一种概念或象征，内涵十分丰富、广泛。从绿色建筑的发展历程来看，最早出现的所谓的“绿色建筑”实际上是节能建筑，其标志是中国第一部建筑节能标准——《民用建筑节能设计标准（采暖居住建筑部分）》的出台，《节约能源法》《民用建筑节能条例》等法律法规的主要规制对象也是节能建筑。节能建筑强调“节能”“保持建筑能源”以及“提高建筑能源利用率”。节能建筑领域的研究较为成熟，无论是技术还是法律制度，已取得阶段性的成果。

随着对节能建筑研究的深入，节能建筑技术的集大成者——被动房（也称为被动式房屋）近几年引起了国内外的广泛关注，受到青睐。通过采用先进的节能设计理念和施工技术、建材（地面、墙体、门窗），充分利用可再生能源（太阳能、地热能等）和新风系统，被动房可显著降低建筑的制冷和采暖能耗，部分地区的被动房已经实现了室内的“四季五恒”——恒温、恒湿、恒氧、恒净和恒静。

据统计，一个被动房至少可以比传统建筑节省 90% 的能源。与传统的节能建筑相较，被动房的优势不仅在于更多的能源节约和室内的四季恒温，更主要的是被动房可以在雾霾、沙尘暴等恶劣天气下为人们提供安全、宜居的室内环境。

近年来，为降低施工现场和后续装修、改造的粉尘、噪声污染，提高建设效率，装配式建筑应运而生。装配式建筑改变了传统的建造方式，由现场施工转移至标准化的工厂内，预制好房屋结构，在工厂加工完成后运输至施工现场，按照预先设定好的组合、装配方式安装而成。装配式建筑一般都为精装房，既拥有被动房的优点，也减少了施工以及后续的装修污染。

从节能建筑到被动房再到装配式建筑，绿色建筑朝着更高级的方向演化，虽然部分技术仍有提高和改进的余地，但实践中运行良好，技术应用与论证已相当成熟，已不再是阻碍其发展的主要因素，制度保障是更紧迫的问题。除了节能建筑的法律制度较为完善外，其他类型的绿色建筑研究仍集中在技术层面，法律制度方面的研究有待加强和弥补。随着研究的深入，日后出现更高级的建筑形式已成为予可以预见的必然，如何以成熟的法律制度预防和规制当下和未来可能出现的问题，是绿色建筑得以良好发展的关键。

三、绿色建筑的技术特点

与传统建筑模式相比，绿色建筑更注重节能、环保与以人为本，其自身具有许多特点和优越性，是将取代传统建筑模式的崭新建筑形式。从设计理念上，绿色建筑技术更注重建筑与人、环境的协调关系；从设计考虑要素上，绿色建筑技术重视节能、节水、节地、节材与环保的特性；从设计成果来看，绿色建筑与传统建筑相比会减少对环境的负面影响，减轻环境的负担。

（一）实用性

当代建筑设计存在一种盲目追求现代化的现象，许多城市受新建筑风潮的影响，一味追求摩天大楼与玻璃幕墙，因此造成了“千城一面”的现象。不仅如此，还出现了许多不合时宜、与当地人文气息不符，甚至造成使用困扰的建筑物，实属违背建筑的初衷。深圳第一代全玻璃幕墙写字楼——××大厦是一座典型的玻璃幕墙建筑，这座象征着“现代化”“国际化”的地标性建筑，保温性能不佳，且因其多数玻璃外墙不可开启，通风性差，使得整座大楼的运行与维护费用高到惊人，对周边植物、生态环境也有一定的负面影响。类似的建筑还有很多，这些建筑物在过分追求“时尚”与“都市化”的同时，似乎忘记了实用性才是作为建筑应该追求的根本。

绿色建筑技术的价值理想是“与自然和谐共生”，绿色建筑技术的功能与实用性体现在“提供健康、适用和高效的使用空间”上。绿色建筑技术强调节约与适度消费，不提倡浪费与奢侈建造，但是绿色建筑技术的节约不是以牺牲健康为代价，而是注重在整个施工和使用的过程中，高效使用资源，即在节约资源和保护环境的前提下实现绿色建筑基本功能，营造良好的生活、工作的空间环境。绿色建筑技术致力于为使用者提供一个舒适、健康的空间，满足建筑的功能性与使用性能，同时平衡前期投入与后续收益，最终达到实现人、建筑与自然的协调统一的目的。

（二）经济性

由于房地产业的重要地位，加上地产业处于行业产业链的中游，连接了从建材、建筑到物业消费多个产业部门，因此，地产业的绿色行动将会牵引建材行业朝绿色方向发展，同时推动下游建筑生产、消费与物业等行业的绿色蔓延。即使在我国一些经济较发达的地区，也存在发展不平衡状况，因此我国引进绿色建筑时便已经考虑经济因素，对一些技术和设施的引进都会充分考虑成本。绿色建筑的成本比普通建筑稍微高一些，但在后期整个运营与使用周期中，运营成本较低，理论上前期略高的投入成本可以逐步回收，整体会节省一大笔开支，长远来讲受益颇丰。我国住房和城乡建设部原副部长仇保兴指出，绿色建筑不是高成本、高价格的代名词，一些技术水平不高、适合当地气候环境的建筑也可以评价为绿色建筑。

从成本上讲，绿色建筑技术可以做到生产成本的节约、全周期内的低耗，将建筑经济粗放转变发展为节约、精细方式。对于绿色建筑管理部门而言，整个产业将会逐渐缩小生产成本，控制周期内费用的产生，达到经济性。对开发商而言，绿色建筑技术投入使用后，由于其设计理念具备概念性，绿色环保的特性便可形成品牌效应，起到引领建筑风潮和示范的作用，加上绿色建筑自身显著的产品效果有利于开发商的宣传推广，这都可以为建筑企业带来更大的经济收益，使得绿色建筑技术的经济性得以彰显。

（三）生态性

建筑产业是能耗性较高、污染性较强的产业，建筑的施工过程与建筑材料的采用都会对环境造成影响和破坏。在全球范围内，整个建筑业所消耗的能源和资源占总量的 40% ～ 50%，而在我国，建筑能耗是发达国家的二到三倍。21 世纪是资源浪费全球化、环境风险全球化的时代，更应该是人类彻底悔悟、痛改前非的关键时间段。而今天的绿色建筑，也早已经不是陶渊明“采菊东篱下，悠然见南山”的浪漫诗歌，而是彻底从全球变暖、臭氧层破坏、热带雨林枯竭等地球尺度，来塑造整体建筑文化的环保生活哲学。

相对传统建筑技术来说，在选材上，绿色建筑技术充分利用可再生材料、可降解材料，最大限度地节约能源，保护环境；在对环境的影响上，绿色建筑技术使用材料会尽量减少污染物的排放，甚至能达到不排放污染的程度；在建筑的使用过程中，绿色建筑技术尽量满足自身需求，内部资源可以循环利用，因此在废旧建筑材料的处理上，能尽量回收，减少对环境的负担。绿色建筑技术尽可能地融入环境中，与周边环境、大自然协调统一，在维护生态系统平衡、保证环境和谐上远远超越了传统建筑类型。同时，建筑物中采用的材料是对于人类身体无伤害的建筑装饰材料，在保证通风良好、温度适宜的情况上，使人体达到最大限度的放松和心灵上的愉悦，是极具生态性的。

从技术手段上，绿色建筑技术秉承节约资源和能源的原则，在设计中，充分运用自然资源，尽量减少化石燃料的燃烧与空调的使用，最大限度考虑利用太阳能、风能等资源。在建筑的选址、采光、通风、保温以及材料的循环利用上，绿色建筑技术也尽量考虑到资源使用率最大化、可持续利用率最大化，因此，绿色建筑技术不仅节约了资源，而且也减少了能源的耗损。绿色建筑从全生命周期来看，从建筑的规划、材料开采、建造、运营到回收利用的整个过程，是经济的选择，因此具备节能性、环保性与经济性。

（四）人文性

建筑是供人类使用，为人类居住提供的空间和场所。人是建筑的主体，所以建筑的设计应充分考虑人文性，最大限度满足人们在生活、工作、学习与娱乐活动的需求，同时保证人类的生活质量，维护居住者的健康、舒适与和谐，通过改善室内环境维持整洁、无污染的环境，满足人们生理和心理上的需求。绿色建筑的人文性，可以理解为绿色建筑以人类生存生活为本。人类生存的基本条件便是居住，而绿色建筑正是以满足人的基本需求作为出发点，以人类活动为中心创造的活动空间。同时绿色建筑又不仅可以满足人类生活基本需求，还提供了融入自然的设计，强调人类身体与心灵共同的舒适与享受，不仅是居室，而且是如同海德格尔所说的“诗意的安居”。

绿色建筑技术的设计充分考虑了这些因素，大到建设地块的选择，小到室内装修选材，都充分符合人体工程学，致力于营造舒适、健康、轻松的环境。以居住者的体验为首要因素，充分尊重其居住感受，重视人在建筑中的体验，充分体现出人在居室中的重要地位。为了建设适宜人居的环境，绿色建筑技术合理控制并充分考虑了室内温度、湿度、自然光线、噪声程度与通风率，也在建筑布局、居住环境、装饰材料上最大限度地考虑居住者的体验和科学利用资源。对于人文的考虑也是绿色建筑技术以人为本的体现。尊重当地风土人情、自然景观和地形地貌，尽量使用当地原料建设宜居环境，这不仅是对居住者以及该地区历史文化的保护与传承，也是绿色建筑技术人性化的体现。

四、绿色建筑的可持续发展性

（一）坚持“5R”原则

建筑主要依赖自然界提供能源和资源，同时又是社会、经济、文化的综合反映，与自然、社会环境休戚相关。建筑的可持续发展，要求我们在建筑可持续发展过程中，结合城市自身地域、资源、经济文化优势，坚持资源利用“5R”原则，即在建筑的建造和使用过程中，在涉及的能源、土地、材料、水等主要资源时，做到“再思考（Rethink）、减量化（Reducing）、再利用（Reusing）和再循环（Recycling）以及再修复（Repair）”。这是绿色建筑中资源利用的基本原则，每一项都必不可少。

1. 再思考

要求做绿色建筑项目规划、决策时，不仅考虑建筑企业的利益，还要考虑社会经济的协调健康发展，以及绿色建筑物的建造以及运行维护时，是否更合理、合适、合格。

2. 减量化

在资源（能源、土地、材料、水）进入绿色建筑物建设和使用过程中，尽可能通过减少资源使用和能源消耗，从而“节能、节地、节材、节水”和减少排放，达到保护建筑室内室外环境的目的。

3. 再利用

在整个生命周期中，通过尽可能多的次数以及在尽可能多的地方使用，保证所选用的建筑材料能得到最大限度的利用，以及在设计时尽可能考虑使用易于拆解和更换的建筑材料及构件。

4. 再循环

选用建筑材料时，须考虑其再利用、可循环能力，尽可能利用可再生资源，使所消耗的能源、原料及废料尽可能地得到循环利用或自行消化分解；在绿色建筑规划设计中，能使其各系统在能源利用、物质消耗、信息传递及分解污染物方面，形成一个高效的相对闭合的循环网络，这样不会对建设的绿色建筑区域外部环境产生污染，同时，可降低周围环境的有害干扰，不易使干扰入侵绿色建筑区域内部。

5. 再修复

要求在绿色建筑的全生命周期内，建立生态修复体系，修复在建筑生产和使用、拆除过程中破坏的生态环境，使人与自然更为和谐地生存和发展。

（二）坚持室内室外环境友好

1. 室内环境品质

尽量考虑建筑的功能要求并满足使用者的生理和心理需求，努力营造出优美、和谐、安全、健康、舒适的建筑室内环境。

2. 室外环境品质

应努力营造出阳光充足、空气清新、无污染及噪声干扰、有绿地和能进行户外活动场地的环境景观，为使用者提供健康、安全、无害的建筑环境空间。

3. 避免影响周围环境

尽量避免使用化石能源和不可再生资源，应使用清洁能源或二次能源，从而减少因能源使用带来的环境污染；同时，规划设计时应充分考虑如何消除污染源，合理利用资源，更多地回收利用建筑废弃物，并以环境可接受的方式处置残余的建筑废弃物。应选用绿色、可持续利用的材料和设备，采用环境无害化技术，包括预防污染的少废或无废的技术和产品技术，同时也包括治理污染的末端技术。要充分利用自然生态系统的服务，如空气和水的净化、废弃物的降解和脱毒、局部调节气候等。

（三）坚持地域性建筑经验

地域建筑是“对地形地貌、气候等自然环境的回应；对当地生活方式、风俗习惯、宗教信仰的继承；在经济允许情况下，充分利用地方材料、建造技术、资源能源等”。而“气候、地形、材料”三个基本构造要素，在传统建筑营造中起决定性作用。其中，气候决定了建筑的总体布局、朝向、屋顶样式、内部空间；地形决定了建筑的整体构成、构筑方式、室内外空间变化；材料决定了建筑的构筑方式、物理质感、建筑形态等。因此，地域性建筑在漫长的发展演变过程中，通过三个基本构造要素方面的表现，蕴含着丰富的朴素的绿色营造思想。

1. 尊重传统文化和乡土经验

在绿色建筑的设计中，应注重传承和发扬地方性建筑历史文化。中国古代建筑文化是独特的，它是中国古代文化的重要载体，也是中国古代文化的艺术结晶。中国古代建筑中，既有朴素的绿色建筑观念，也有丰富的绿色建造经验，这是经过长期的摸索，逐渐积淀下来的宝贵的财富。一方面，古代城市规划有“象天法地”“象天立宫”，即在城市规划营造中，将建筑或房屋与天上的星宿分布和各种自然现象对应，建设成为人工环境与自然环境同构的“人间天堂”。这不仅是在城市规划中所坚持的“天人合一”“道法自然”哲学思想的体现，也是“古人‘仰观天文，俯察地理’，对人、城市和自然环境进行全方位的整体性考察”。其中虽然包含许多神学及迷信的理论成分，但也蕴含着古人敬畏自然、效法自然、顺应自然、融于自然的朴素绿色观。另一方面，中国传统建筑讲究“节俭”，主要表现在三个方面：其一，以资源为基础的建筑理论——“便于生，不以为观乐”，建造房屋是为了便于生存而不是为了观赏享乐；其二，在资源持续利用上实现“以时禁发”“取之有度，用之有节”，禁止以破坏、毁灭的方式开发资源，提倡以节制、有限度的方式开发和利用资源，达到资源的可持续利用；其三，在实践上“率归节俭”。对中国古代节俭理论的挖掘，以及对节俭的道德风尚的开发，不仅在节约资源方面对绿色建筑有着重要的参考价值，也是一笔可贵的文化财富。再一方面，在中国传统城市营造中，诉情于山水间的审美取向比比皆是。这是“因为人类心灵中天然地存在对自然景致的欣赏，但更为重要的是‘山水’中凝结着中华五千年的文化精粹，进而表现为一种特有的文化情怀”。其中，孔子提出了崇尚山水的美学思想——“智者乐水，仁者乐山”；老子则建立“疾伪贵真”的道家美学观；庄子在老子的道家美学思想的基础上，进一步提出了“天地有大美而不言”，他认为天地自然之美是“大美”“至美”“真美”。

可见，中国传统城市建筑中“寄情山水”的审美取向，是由山水哲学、文学与自然等相结合的综合体现，是古代城市规划与景观设计的独特的“气韵”所在。在古代城市建设的各个方面，从建筑单体到景观建设，从初期选址到后期营造，从建筑群到整体环境，都可以找到“寄情山水”的痕迹。

2. 注意与地域自然环境的结合

在中国古代建筑的营造历史中，一方面，针对特定的气候条件，如日照、太阳辐射、风向、温度等，与建筑布局、朝向、空间形式、开窗大小等方式结合，中国传统建筑具有非常精妙的构造技术和做法。“利于自然通风的组织、自然采光的引入，以被动手段调节环境舒适度，体现出与自然环境共生、节约能源等绿色思想”。另一方面，设计以建筑场地的自然条件为依据，充分利用建筑场地中的天然地形、阳光、水、风及植物等，在设计中将这些自然因素特征与建筑相结合，强调“人—建筑—自然”共生和谐，从而维护建筑的健康和舒适，唤起人与自然的天然情感联系。再一方面，我国幅员辽阔，地势地貌复杂，建筑的营造不仅要处理好与气候之间的关系，还要保持与地形地貌的密切联系。各地的传统建筑皆是顺应地形地貌营造的具有地域性特色的建筑物。

因此，从单体建筑形态到村落布局，或依山，或傍水，依地形而建造，节约了材料，减少了资源的浪费；选址多结合坡地或沟壑，减少了耕地、节约了土地；布局结合地形，形成错落有致的大地景观，有利于通风，防止污浊空气滞留，营造出健康无害的建筑环境，表现出对自然环境的尊重和合理利用。

3. 地域性建筑材料的使用

在绿色建筑项目中应用地域性建筑材料，可以减少建筑材料在运输过程中不必要的能源消耗和环境污染。这也是“因地制宜”的重要体现。在营造中选取与使用地方材料时，一方面，以最原始、最简单的建筑营造方式，表明了地区身份及地域特点；另一方面，表达了各地区民族的建筑营造的习俗。对绿色建筑而言，就地取材不仅可以避免长途运输带来的资源消耗，还可以通过利用地域性传统建材的力学性能，达到美化装饰功能。

主要的地域性传统建材有：竹材，质量轻、弹性好、表面光滑、易于加工，竹编织物透气性好；土材，塑性强、可反复使用、保温隔热能力强；石材，作为主要的承重和屋面材料，便于就地取材，具备天然的蓄热能力；畜牧毛质材料，极具民族特色，防风且透气。

虽然传统建材适宜于在当地生长，管理、维护以及成本相对较低，但大规模使用造成的物种的消失已成为当代最主要的环境问题，所以保护和利用地方性建筑材料，也是绿色建筑的基本伦理要求。

五、促进绿色建筑可持续发展的对策

（一）加强建筑信息模型（BIM）技术应用

在高速发展的互联网时代，BIM 技术作为当代创新发展的新技术，对建筑业的可持续发展起到很重要的作用。BIM 技术能够整合各专业图纸，检查设计图纸的完整性，优化各个管线配置，分析室内的净空高度，优化建筑物设计，以满足人们对居住环境的舒适性要求。BIM 技术在工程造价全过程管理中，通过对建筑及基础设施的物理特性和功能特性进行数字化表达以及对建筑物施工过程进行模拟等，使施工单位大致了解项目的施工成本，并采取措施对成本进行控制，从而满足建筑经济性的要求。因此，将 BIM 技术应用于绿色建筑设计，对实现建筑可持续发展具有重要的意义。

（二）大力推广装配式建筑

近年来，我国大力推广装配式建筑，住房和城乡建设部等 13 部门联合印发的《关于推动智能建造与建筑工业化协同发展的指导意见》指出，应大力发展装配式建筑，推动智能建造和建筑工业化协同发展。

目前，虽然装配式建筑还没有完全在各大城市推广开来，但是随着我国环保力度的加大，装配式建筑发展前景十分乐观，各地也相继出台了相关的政策，编制了相关的技术标准规范，鼓励发展装配式建筑，装配式建筑技术体系也日益成熟。相关数据表明，装配式建造方式能够很好实现“四节一环保”，与传统的施工方式相比，能减少 70% 的建筑垃圾排放，节约 55% 的水泥砂浆，节约 60% 的木材以及减少 55% 的水资源消耗。虽然高消耗、高排放、低效率、低品质等问题依然存在，但是我国正采取措施加快新型建筑工业化，推动绿色建筑高质量发展。

（三）加大绿色建筑宣传力度

地方政府负责绿色建筑发展的宣传工作，应承担起相应的责任，通过绿色建筑进社区广泛宣传建筑节能减排的重要性，并做好售房人员的绿色建筑知识教育培训工作，使购房者进一步了解绿色建筑，认识到绿色建筑与传统建筑在健康、舒适和质量等方面的区别，认识建筑节能减排的重要性，认可绿色建筑，促进绿色建筑的发展。

（四）精细化管理绿色建筑增量成本

在规划、设计、施工、运营等全寿命周期阶段，通过跟踪绿色建筑绿色技术引入，应用所新增的作业行为和过程，分摊、计算该作业所消耗的人、材、机和措施费、管理费、规费、税金的具体金额，全面了解项目增量成本，并针对这些增量成本进行精细化管理。对绿色建筑增量成本予以可视化表达，以直观的定量方式向企业揭示绿色建筑成本构成，以便精细化管理各方面产生的成本，同时也可以使购房者全面了解绿色建筑的绿色投入情况，从而提高对绿色建筑的感知度和认可度，以此带动绿色建筑的发展。此外，可通过建立相关成本的数学模型，在设计阶段找出最优方案，从而使节能增量成本最小化。

第四节　绿色建筑与智慧城市

一、绿色建筑与智慧城市的关系

目前，我国已经发展到“新型智慧城市”这一阶段。我们已经发现了建设中存在的问题，它们影响着我国智慧城市发展的进度。如何针对这些广泛概念来做出改变？从智慧建筑着手，应该是较为合适的方法之一。

目前，国家出台的关于智慧城市建设的政策很多都与智慧建筑有关。在城市建设的57项三级指标中，有很多都与智慧建筑有关。如果智慧城市是一个大平台，那么智慧建筑就是一个个小平台，在维护着大平台的正常运行。智慧城市与智慧建筑的关系已密不可分，一方发展，另一方也将受益。

二、绿色建筑与智慧建筑结合的必要性

科技的进步和互联网的发展对建筑也产生了极大的影响。而建筑作为人类活动的载体，智慧建筑、绿色建筑成了建筑发展的必然趋势。智慧建筑是由智能建筑在新技术的发展与应用和城镇化率的迅速提高的基础上发展而来的，作为智慧城市的基础，智慧建筑的未来发展趋势成了备受关注的焦点。与绿色建筑一样，智慧建筑的研究也正在蓬勃发展。智慧建筑和绿色建筑的关系是相互交融的。此次“新冠”疫情中，公共健康卫生的问题暴露了出来。在几十年的建设中，更多建设的是智慧交通、智慧居家等，公共健康卫生是目前智慧城市建设中的短板与不足。因此，将智慧建筑与绿色建筑结合是必然趋势。

在我国已有建筑绿色、智慧改造的例子——兰州建研大厦的绿色改造。甘肃兰州建筑科学院为员工打造舒适、便捷、高效的办公环境，对一座已有建筑进行建筑改造。

一方面是绿色改造。结合兰州市气候寒冷以及当地经济文化特点，选用20多项绿色建筑要素进行绿色建筑改造。首先是空间功能整合：合理设置车位方便员工绿色出行；会议室隔声设计，满足绿色建筑隔声要求；改善天然采光效果，利用自然光。其次，在暖通方面也进行了绿色改造：采用多联式空调机组，能效为3.3、3.5、3.2，热效率为92%；采用了智能型的变制冷剂流量多联分体

式集中空调系统（VRV）；空调室内机选用天花板内置薄型风管机。1 至 4 层空调室外机放于三层屋面，5 至 12 层室外机设于 12 层建筑屋面上。空调系统可分房间控制。最后是电气部分：全部采用 LED 灯具，降低能耗。

另一方面是智慧改造，搭建智能平台。对楼层各部分用电单位进行分层管理，诊断用电问题，提升整栋建筑的能源管理水平；建立环境监测与室内空气质量控制技术平台，监测点置于屋顶，使用太阳能供电，显示的数据一旦超标，会报警并与新风系统联动，配合调节室内新风量和湿度。希望此类建筑不仅会给人类周围生活环境带来一抹绿色，而且能够提高办公人员办事效率。

三、绿色建筑与智慧建筑结合的前景

绿色建筑与智慧建筑的结合不仅为人们建造了健康舒适的工作和居住环境，而且达到了绿色节能环保的要求。有调查显示，建筑能耗高昂，与交通和工业能耗并列。不仅国家有规定要求降低能耗，而且市场也急需新的科技和管理系统来改善建筑中的系统能效。

目前，国内已有公司走在了将绿色建筑与智慧建筑结合的前沿，例如在 2019 年，美的空调的暖通空调在美的中央空调的基础上，结合物联网、大数据、节能技术等多种建筑技术，在符合绿色生态建筑的基本条件的同时，将现代计算机技术融合于建筑体系内，营造舒适又节能的空间。这些成果当然是有效的，就目前看来，美的集团旗下的拥有新型绿色节能技术的中央空调已广泛使用，并获得用户的高度评价。

2019 年，首次将绿色节能技术和智慧化技术相融合的中央空调，受到各界的一致好评和高度认可，同时摘获“节能减排科技进步奖”，这更证明了绿色建筑和智慧建筑是建筑发展的大势所趋。这种结合，在政策上也响应了国家号召。2019 年 11 月 2 日至 3 日，习近平总书记在考察时曾提出“城市属于人民，城市职能是服务于人民的，在城市规划和城市建设方面，在新、旧城区改造方面，都要坚持为人民服务，满足城市人民合理化需求，为生产和生活创造优良条件，建立绿色型、节约型的良好生态空间，为城市的功能化设计营造宜居、宜业、宜游、宜玩的新型模式，提高整体国民的综合幸福指数”的指导思想，标志着我国的建筑设计领域上了一个新台阶——生态智慧城市。在智慧城市和生态智慧城市基础之上又提出了生态智慧城市建筑体系，生态智慧模式的建筑体系中心思想是集生态和智慧于一体新型建筑模式，其主要内容覆盖了装配式建筑技术、绿色节能建筑技术及大数据智能化建筑技术等多种新型建筑技术。以广东省为例，该省建筑以装配式技术、智慧智能技术、智能技术和大数据技术相结合，努力打造全面绿色化建筑。这样的方法无疑对经济和社会的发展是有益的。经市场调研，一套120平方米的住宅，虽然购房成本有所增加，但却解决了潮湿、用水量、垃圾分类等长期困扰用户和市政的问题。

因此，生态智慧城市建筑体系既响应了政策的号召，也符合广大人民群众生活需求，具有极大的市场应用前景。随着如今的建筑技术发展，建筑领域已迈入智能化时代，随之而来的是用户对建筑产品有着更高、精、准的定位需求，未来的建筑将更加智能化、科技化。美的等企业在智能化发展方面起了统帅作用，迎合了当代大众对方便、快捷的高品质建筑空间的品味，同时也响应了环保、节能、无污染的国家政策。

第二章　绿色建筑设计的基本理论

近年来，在我国建筑领域快速发展的过程中，绿色理念被提出，绿色建筑设计也受到广泛重视。对绿色建筑设计的基本理论进行分析，不仅能够减少绿色建筑设计中出现的问题，而且能够促进绿色建筑设计的工作模式与体系的形成，从而使得绿色建筑设计更加合理。本章主要包括绿色建筑设计的依据与原则、绿色建筑设计的内容与要求、绿色建筑设计的程序与方法、绿色建筑的评价标准与方法四部分，主要内容包括：绿色建筑设计的依据、绿色建筑设计的原则、绿色建筑设计的内容、绿色建筑设计的要求、绿色建筑设计的程序、绿色建筑设计的方法、绿色建筑的评价标准以及绿色建筑的评价方法等内容。

第一节　绿色建筑设计的依据与原则

一、绿色建筑设计的依据

（一）人体工程学和人性化设计

1. 人体工程学

人体工程学，也称人类工程学或工效学，是一门探讨人类劳动、工作效果、效能的规律性的学科。按照国际工效学会所下的定义，人体工程学是一门“研究人在某种工作环境中的解剖学、生理学和心理学等方面的各种因素；研究人和机器及环境的相互作用；研究在工作中、家庭生活中和休假时怎样统一考虑工作效率、人的健康、安全和舒适等问题的科学”。

建筑设计中的人体工程学主要内涵是：以人为主体，通过运用人体、心理、生理计测等方法和途径，研究人体的结构功能、心理等方面与建筑环境之间的协调关系，使得建筑设计适应人的行为和心理活动需要，取得安全、健康、高效和舒适的建筑空间环境。

2. 人性化设计

人性化设计在绿色建筑设计中的主要内涵为：根据人的行为习惯、生理规律、心理活动和思维方式等，在原有的建筑设计基本功能和性能的基础之上，对建筑物和建筑环境进行优化，使其更为方便舒适。换言之，人性化的绿色建筑设计是对人的生理、心理需求和精神追求的尊重和最大限度的满足，是绿色建筑设计中人文关怀的重要体现，是对人性的尊重。

人性化设计意在做到科学与艺术结合、技术符合人性要求。现代化的材料、能源、施工技术将成为绿色建筑设计的良好基础，并赋予其高效而舒适的功能。同时，艺术和人性将使得绿色建筑设计更加富于美感，充满情趣和活力。

（二）环境因素

绿色建筑的设计建造是为了在建筑的全生命周期内，使其适应周围的环境因素，最大限度地节约资源、保护环境，减少对环境的负面影响。绿色建筑要做到与环境的相互协调与共生，在进行设计前必须对自然条件有充分的了解。

1. 气候、日照和风向条件

地域气候条件对建筑物的设计有最为直接的影响。例如，在干冷地区，建筑物应设计得紧凑一些，减少外围护面散热的同时利于室内采暖保温；而在湿热地区的建筑物设计则要求重点考虑隔热、通风和遮阳等问题。在进行绿色建筑设计时应首先明确项目所在地的基本气候情况，以利于在设计开始阶段就引入“绿色”的概念。

日照和主导风向是确定房屋朝向和间距的主导因素，对建筑物布局将产生较大影响。合理的建筑布局将成为降低建筑物使用过程中能耗的重要前提条件。例如，在一栋建筑物的功能、规模和用地确定之后，建筑物的朝向和外观形体将在很大程度上影响建筑能耗。在一般情况下，建筑体型系数较小的建筑物，其单位建筑面积对应的外表面积就相应减小，有利于保温隔热，降低空调系统的负荷。住宅建筑内部负荷较小且基本保持稳定，外部负荷起到主导作用，外形设计应采用小的形体系数。对于内部发热量较大的公共建筑，夏季夜间散热尤为重要，因此，在特定条件下，适度增大形体系数更有利于节能。

2. 地形、地质条件和地震烈度

对绿色建筑设计产生重大影响的因素还包括基地的地形、地质条件以及所在地区的设计地震烈度。基地地形的平整程度、地质情况、土特性和地耐力的大小，对建筑物的结构选择、平面布局和建筑形体都有直接的影响。结合地形条件设计，在保证建筑抗震安全的基础上，最大限度地减少对自然地形地貌的破坏，是绿色建筑倡导的设计方式。

3. 其他影响因素

其他影响因素主要指城市规划条件、业主和使用者要求等因素，如航空及通信限高、文物古迹遗址等。

（三）建筑智能化系统

绿色建筑设计中不同于传统建筑的一大特征就是建筑的智能化设计。依靠现代智能化系统，建筑节能与环境控制能够较好地实现。绿色建筑的智能化系统是以建筑物为平台，兼备建筑设备、办公自动化及通信网络系统，是集结构、系统服务、管理等于一体的最优化组合，可以向人们提供安全、高效、舒适、便利的建筑环境。而建筑设备自动化系统（BAS）将建筑物、建筑群内的电力、照明、空调、给排水、防灾、保安、车库管理等设备或系统组合综合系统，以便集中监视、控制和管理。

二、绿色建筑设计的原则

（一）节能与节地准则

在对绿色建筑开展设计的过程中，我们需要切实将节能与节地的理念摆在核心位置，规避资源的严重损耗，更好地实现环境保护。同时，需要在建筑物的顶部进行艺术化设计，创建“空中花园”等，更好地降低城市的热岛效应。提升户外的整体绿化面积，也可以在一定程度上提升建筑物室内的空气品质。我们还需要切实考虑建筑室外风向问题。为了切实保障室内与室外空气的有效流通，为大众提供较为适宜的环境，需要将室外风持续引入室内，对室内风开展有效的转化与替换，从而更好地保障室内空气的清新度。

（二）采光设计准则

在建筑工程施工建设阶段，相关的设计工作人员通常会结合本区域气候与地理环境因素对采光的效果开展分析，保证采光效果良好。由于影响室内环境最为核心的因素在于明亮度，所以加强采光设计极为关键。采光设计需要充分秉持尽可能运用自然光的准则，从而在保障室内光线充足的情况下降低对电力能源的损耗。

（三）节约能源准则

能源是保持日常社会运作的基础要素，现阶段随着我国人口基数的持续提升，能源需求也进一步提升，众多领域对能源的需求量都相对较高，所以在建筑工程建设阶段需要切实关注能源运用情况。绿色建筑在节能环节有着非常优异的表现，其借助创建全新的节能体系，能进一步提升建筑物的综合性能，切实规避能源的过度损耗。

（四）消除污染准则

在建筑工程中，有效降低污染是极为关键的任务之一，也是防护生态环境的核心准则。在绿色建筑的设计理念中，消除污染是非常重要的内容，提出相关的污染控制观点更是非常必要的。除了在建筑外部配备相关的消除污染系统装置外，也需要在室内配备吸附油烟等的装置，切实保障室内空气品质良好。

（五）能源消耗管控准则

能源消耗是对建筑内部环境的关键性影响因素之一，在以往的建筑规划与设计过程中，通常欠缺有针对性的方式来处理能耗与建筑功能完善的矛盾性问题。但在绿色建筑理念的深入推行与运用下，此项问题得到了有效解决。绿色建筑中所秉持的能源消耗管控准则，有效保证了建筑日常运作中的生态环境平衡。

第一，使用绿色清洁材料，实现节能减排。绿色建筑最大的特色是在建筑过程中采用大量环保材料用于建造和装修，并且引入环保能源打造低碳节能的居住环境。设计者设计雨水回收系统来实现资源的可循环，设计一氧化碳监控系统来把控室内空气质量，并且将室内通风、采暖等生活需求与技术相结合，如采用玻璃幕墙、保温隔热墙面、吸声墙面等，实现节能减排的生态效益，充分发挥绿色材料与绿色技术的功效。

第二，水资源利用最大化。绿色建筑设计之初便离不开各种建筑技术的辅助，只有在施工技术成熟的条件下，绿色建筑的施工和完工效果才能达到预期。节水技术是建筑施工中的重要部分，是建筑物设计中的关键一环。相较于传统建筑设计中规中矩的水管排摸和地下管道连接，绿色建筑中采用节水技术，加入了雨水净化管道、水质检测系统等，为建筑物增添科技感，同时提升生活质量。

第三，规划布局优化，使内外部环境融合。绿色建筑设计时设计师们充分考虑建筑物内的节能规划，对于房屋结构进行整体把控和局部分析，统筹房屋结构性能和居住条件水平。而对于建筑物外部环境应当考虑内外风格的和谐统一，同时要求外部环境与人工景观相契合。设计者制订优化方案之后，选择合适的施工技术也十分重要，优良的工艺能够使绿色建筑建造更加贴近完美，更符合预期。

第二节　绿色建筑设计的内容与要求

一、绿色建筑设计的内容

（一）节地设计

1. 场地设计

场地设计是根据一个项目的性质、规模和功能需求，在场地周边环境和城市规划的基础上，实现建筑物、道路交通、工程管线、绿化的合理布局。场地设计要求能够充分有效利用和节约场地，协调好建筑空间、交通、绿化、场地和管网的空间关系，合理布局，营造良好的视觉景观。在场地规划上，应充分考虑项目现场的地形、地貌和植被等特点，在保持原有地形地势基础上，尽量减少场地的平整工作量，不破坏原有生态环境，实现建筑与自然环境的和谐统一。在规划设计中，设置合理的容积率、建筑密度，营造良好的居住环境。在场地交通组织设计方面，要考虑场地出入口与城市主要道路之间的关系，合理组织交通流线，合理布置场地内道路系统和停车系统，实现场地设计的最优化。

2. 开发利用地下空间

建筑地下空间是指建筑物中位于地表以下的空间，合理利用地下空间可以提高土地使用效率，实现节地的目标。根据土壤覆盖的方式，建筑地下空间可以分成覆土建筑、半地下建筑和全地下建筑几种类型。地下空间的设计要考虑地下空间的功能（居住、交通、商业等）、与地上空间的联系、地下空间出入口的设置、地下空间的组合方式等。

3. 绿化设计

合理的绿化设计也是节地设计的重要环节。合理的绿化方式不仅能够提供新鲜空气，还能够遮阳，降低室内温度，减少因制冷导致的能耗，降低城市的热岛效应。绿化设计中应种植适应当地气候和土壤且无毒害、易维护的植物，在保证绿化景观特色的同时，提高存活率，降低成本。植被可采用乔木、灌木、草坪等复层绿化，形成富有层次的绿化体系，达到丰富的景观效果。应保护场地原有的植被、水体、湿地等生态系统；采取生态恢复或补偿的措施，如将原有植被编号并移植到其他地方。

绿化设计还包括垂直绿化和屋顶绿化，它们也是节能设计的重要内容。垂直绿化指在建筑物的外墙、围墙等垂直于地面的墙面上利用植物实现纵向空间绿化的技术。垂直绿化能够有效缓解城市热岛效应，净化空气，降低城市噪声，减少建筑能耗，改善城市景观。垂直绿化按照技术可以分为攀爬式、模块式、水培介质型三种。在设计过程中，设计师需要考虑植被的种类、种植容器、支撑结构、灌溉系统、太阳辐射角度等多个因素。

屋顶绿化不仅能够改善室内的物理环境，使得屋顶具有更好的保温隔热效果，还能改善室内热环境，降低室内温度。屋顶绿化还可以改善建筑周围的热环境，减少热辐射，显著降低城市的热岛效应。在植物选择上，一般选择具有浅根性的小乔木，与灌木、花卉等搭配。

（二）节材设计

1. 建筑结构选择

传统的建筑结构体系包括钢结构、木结构、砌体结构和钢筋混凝土结构。其中，钢结构具有强度高、自重轻、韧性好、安装机械化程度高等特点，适用于跨度大、高度高、承载重的建筑；砌体结构具有就地取材、耐久性和耐火性好、隔热保温效果好等优点；木结构则具有自重轻、易加工、易搬运等特点，但是防火和防腐性能较差；钢筋混凝土结构具有施工方便、建造速度快、减少资源浪费等特点，具有明显的经济效益。随着科学技术、结构设计理论、新材料的不断发展，人们对建筑结构的要求越来越高。一些新的结构体系应运而生，包括钢 - 混凝土结构、巨型结构、膜结构等。这些结构针对高层建筑、异形结构建筑、跨度大建筑等特殊类型的建筑，以满足其使用功能和节能环保的要求。因此，设计师应根据建筑的类型、用途、气候条件和周边环境，选择合适的结构体系，达到资源消耗和环境影响最小的目的。

2. 绿色建材的使用

建筑材料的使用贯穿建筑全生命周期，从材料生产加工，到建筑施工、运营维护，直到建筑物拆除、废弃物的循环使用，整个过程都涉及建筑材料的使用。因此，建筑材料是绿色建筑技术设计的重要内容之一，也是建筑节能的重要环节。设计师应该从节约资源的角度出发，在保证建筑安全性和耐久性的基础上，尽量选择资源消耗小和对环境影响小的材料。绿色建筑材料的选择要遵循节能环保、绿色安全、可再生和可循环的原则。节能环保是指在选择绿色建筑材料时，不能只考虑材料的价格，同时也要考虑材料的节能表现，如采用无石棉纤维水泥板代替传统的石棉水泥板。绿色安全指的是材料不能产生有害物质、放射性物质和废料，传统建筑材料在开采、烧制、生产过程中都会产生大量污染和资源浪费，因此在选择建筑材料时尽量选用可降解的天然材料，减少环境的污染。可再生和可循环原则是指应直接或间接地回收和利用建筑拆除产生的废弃物（砌块、砖、木材、钢材等），减少资源的浪费。同时，为了减少材料运输过程中产生的能耗和碳排放，设计师应尽量选择当地生产的材料。

（三）节能设计

1. 建筑朝向和建筑外形

应根据现场的太阳辐射角度、当地的风向、城市规划等条件，合理布置建筑朝向，以便建筑能够获取足够的自然采光和通风，同时还能够避免太阳直射。一般情况下，在温带和寒带地区建筑多采用坐北朝南的布局。这种布局夏季时候吸热较少，冬季能够吸收大量热辐射，保持室内温度。

建筑体型系数是建筑节能最直接的影响因素之一，体型系数越大，建筑与室外接触面积越大，单位建筑空间的散热面积越大，能耗就越高。在建筑体积相同时，分散布局比集中布局能耗更大，因此高层比低层建筑更加节能。另一方面，在建筑面积相同时，规则的建筑外形比复杂的建筑外形更加节能。

2. 围护结构

建筑的围护结构也是节能设计的关键，建筑围护结构的保温性能越好，建筑通过围护结构散热就越少，建筑节能效果越好。建筑围护结构的设计主要考虑的是围护结构的热工性能、立面设计、遮阳设计等方面。建筑围护结构主要包括墙体、门、窗、屋面等。墙体保温技术分为外保温、内保温和夹心保温技术三类，其中外墙外保温技术的保温效果更好，应用更加广泛。外墙外保温技术是将保温材料置于建筑物外墙的表面，使得建筑外墙具有一定的热衰减度，延长热传递时间。常见的墙体保温做法包括：利用材料的热惰性；在墙体中设置通风间层，利用风压和热压带走空气层中的部分热量；建筑外墙采用浅色平滑的饰面材料，减少太阳热辐射的吸收。墙体内保温是将高保温材料添加至墙体里面，如增强石膏聚苯复合板、纸面石膏岩外墙等。墙体夹心保温的做法是在围护结构内外墙之间添加保温层，同时墙体的保温隔热性能也会有很大提高。

门窗是建筑重要的围护结构，也是节能的重要部位。在外窗设计中，可以通过以下方式实现节能目标：根据建筑采光和节能要求，合理设置窗墙比和外窗的面积；选择光热性能良好的玻璃；采用双层玻璃减少热耗散；选择高气密性的门窗，并处理好门窗与墙体连接处的气密性。

3. 可再生能源的使用

应根据项目周围的实际情况，合理使用不同的可再生能源，如太阳能、风能、水能、生物质能、地热能等。目前应用最广泛的可再生能源是太阳能。

太阳能不仅资源丰富，而且对环境的污染小。太阳能的利用主要有光电和光热两种形式。太阳能光电技术是利用太阳能板将光能转换成电能并向用电负荷供电，多余电量可以通过蓄电池进行储存。太阳能光热技术又分为太阳能热水和太阳能供暖。太阳能热水是利用集热器充分吸收太阳能后，再加热循环管道中的水供用户使用。而太阳能供暖主要是利用太阳光直射到室内为用户供暖，分为主动式太阳能采暖和被动式太阳能采暖。主动式太阳能采暖系统会利用太阳能集热器、热交换器等设备，而被动式太阳能采暖则通过建筑朝向合理布置、内部空间布置和建筑形体设计等手段实现。

对于风能和水能等其他可再生能源的利用目前相对局限。以风能为例，风能的总量取决于风能密度和可利用风能每年的累积小时数，我国仅有部分地区能达到风能可利用的标准。

另一个应用比较成熟的可再生能源是地热能。地热能指在太阳辐射和地形热的综合作用下，储存在地壳下数百米内的恒温土壤、砂石和地下水中所蕴含的能量。地源热泵技术就是利用这些地热能进行供热或制冷的新型能源技术。地源热泵工作原理是通过热泵抽取蕴藏在地下浅表层的热能，在冬季为建筑提供采暖和热水。而在夏季的时候，热泵能够反过来向土地排放热量，为建筑提供制冷。相比于传统的供暖和制冷系统，热泵系统能够大幅降低建筑能耗。

（四）节水设计

1. 提高用水效率

节水设计时应充分利用市政水压，合理设置给水系统，控制管网的压力，避免因压力过高引起的水资源浪费；按照用途分别设置水表；使用节水器具，如在厕所的冲洗阀上设置自动开关；选用优质的管材和阀门，避免漏水导致的水资源浪费。在绿化灌溉过程中采用节水设备或技术，如设置土壤湿度感应器、雨天自动关闭装置，或种植无须永久灌溉的植物。

2. 非传统水源利用

雨水的合理利用可以有效解决水资源短缺问题，提高水资源利用效率，并有效减少城市内涝现象，改善城市水生态环境。雨水利用分为两个方面：一方面是根据当地的气候、地质、降雨等特点选取合适的雨水收集、过滤和蓄水系统，用来绿化灌溉、室内冲厕、消防、洗车等；另一方面是增强雨水的渗透能力，具体措施包括在人行道、自行车道、停车场铺设透水地面，使用下凹式绿地汇集雨水等，来保护湖泊、池塘等天然水体，增加城市蓄水能力。

建筑中水（可再生水）指经过适当污水处理后，达到一定用水标准的水，可以用于绿化、冲厕、车辆清洗和冷却等。中水利用能够有效节约建筑用水。建筑中水系统主要由三个部分组成：源水系统、处理系统和供水系统。可以针对单个绿色建筑项目建立中水系统，也可以针对小区和城市建立中水系统，以实现节约用水。中水处理一般采用物理方法（膜滤、砂滤、活性炭吸附等）和生物方法（活性污泥法、接触氧化法等）。

二、绿色建筑设计的要求

（一）环境与材料选定的设计要求

首先是建设环境的选择。建设地址选定之前，需要对实际建设区域的土质结构进行系统化的检测。之后需要合理选择施工材料，尽量选用天然材料。使用的人工材料需要通过系统化检测，保证其对人体及周边环境不会带来负面影响。

在此基础上，秉持因地制宜的方针选择建设环境。选定建设地址之后，需要进一步开展相关的地质勘查工作，并且有效融合地理与人文环境展开整体化解析，规避对周边环境带来的污染和影响。

（二）建筑工程中相关单体的设计要求

建筑物的整体外观也会在很大程度上影响建筑的能耗。开展单体化设计，也需要切实设计好建筑的外观，有效降低外形的占用面积，控制楼层的整体高度。

在单体设计前期，应制定相关的规划与设计方案。建筑物整体的架构设计需要保持系统化特征，而且需要预留出后期的可调整空间。

1. 建筑外观与耗能

相关建筑物的表层面积与具体的建筑体积比，对于其整体的热工性能而言极为关键。通常，曲面类型建筑热能的消耗量要低于直面类型建筑的热能消耗，非集中化的布控远比集中化的布局所带来的热能消耗更突出。建筑外观形状、楼层高度对耗能都有着非常显著的影响，一般建议运用较为规则的方式进行外观营造。

2. 采光条件与耗能

当代的家居设计对建筑室内的光照度有着极为严苛的要求，如果建筑室内光线调控更为科学化，则可以显著降低对灯光设备的依赖性。值得特别关注的是，房屋建筑外墙需要切实契合采光、通风的需求，尽可能运用墙板的采光自然管控建筑室内光照度。

3. 增进设计的扩展性

增进建筑项目设计的扩展性，有助于实现对资源的节约与降耗。可有效借助建筑架构与设施增进灵活性，提升建筑后期施工运作的可调整性。例如，在厨房预留面积相对充足的管道空间，便于排水等设施的后期安装；提升楼梯的可增加性，如楼板承重尽可能高出标准要求、在周边进行特别的空间预留等。

4. 资源节能设计

尽可能运用太阳能、光能等绿色的可再生资源，有效节约利用石油、天然气等不可再生资源。

5. 科学智能化设计

现阶段，诸多的高新技术与产品不断涌现，诸多优异的自动化技术也在建筑项目中得到了充分应用，这使得建筑具有多样化功能，如可以依据温度、湿度等情况进行空调系统的自动化调控，在真正意义上实现低损耗、低污染。

（三）建筑材料节能环保的整体设计要求

1. 节能与绿色化的基本要求

绿色节能具体指的是控制能源损耗，防护周边环境。在对相关建筑开展绿色节能设计的过程中，需要充分考虑建筑材料的能耗情况。在建筑项目建设阶段，需要尽可能降低能耗、控制污染物质排放。建筑物的整体布局与外观设计也需要充分结合节能目标。建筑施工材料的选用需充分秉持就地取材的准则，降低运算过程中产生的损耗，有效管控工程建设运作成本，并切实管控对周边环境所带来的负面破坏。同时，需要切实考虑建筑材料对人体的伤害，保障每一位住户的身体健康，所挑选的施工材料必须是无污染、无毒、无害的高品质产品。

2. 智能化的基本要求

绿色建筑需要有效实现建筑材料与架构的互为转化，可以将自然资源转变成为能源。第一，建筑物的外部墙体需要可以实现对自然资源的收集与能量的转化；第二，可以自动化调节气候，让建筑室内的温度始终保持一个较为恒定的数值。降低对相关家用电器的运用依赖性，如空调系统与点灯设备等，更好地控制光污染，降低能源损耗。

3. 对材料的节能选取

首先，在建筑室内装修过程中，需要对油漆、胶水等材料进行深入的对比，切实保证所挑选材料的性能优异且所释放的有毒物质最少。其次，在外部墙面保温设计过程中，运用保温绝热型材料，可以在原本的基础上降低能源消耗约50%。最后，应尽可能运用可再生资源，如借助太阳能产生的光电来有效带动电器设施。

第三节　绿色建筑设计的程序与方法

一、绿色建筑设计的程序

（一）概念设计阶段

这个阶段，建筑师通过对场地及项目周边环境的考察，在符合城市整体规划的前提下，结合设计目标，提出最初的设计概念。建筑师根据考察结果进行建筑功能分区设计、人员流线设计等，提出一个或多个建筑初步设计方案供业主选择，并综合考虑各方需求选择一个初步设计方案。概念设计阶段的设计内容主要包括总布局图、建筑体量和建筑空间实体关系。建筑师利用草图和粗略的建筑模型与业主进行沟通。

在绿色建筑的概念设计阶段，绿色建筑咨询顾问应联合各专业设计人员共同组建设计小组，全程跟进项目设计。绿色建筑咨询顾问向甲方及各专业设计成员宣传绿色建筑的相关理念。规划和建筑专业人员根据业主的要求和绿色建筑的目标进行设计，主要考虑景观设计、建筑朝向、平面布局等。其他专业设计人员也要参与到前期的设计优化中，提供专业技术方面的建议，完善和优化绿色建筑设计。设计过程中不再依靠设计师的主观经验去判断地形、气候和环境特征，而是利用计算机模拟项目周边环境，在规划阶段对自然通风、日照和采光、围护结构节能等多种策略进行定量化分析。

（二）方案设计阶段

这个阶段，设计概念和设计方向已经确定，概念阶段的草图会被进一步细化，使得项目的工程量可以进行初步测算。这个阶段主要任务是大致确定功能布局、平面布局、立面设计、结构选型等工作。方案设计阶段是最重要的阶段，它决定了建筑设计是否满足业主的需求，也是扩初设计阶段中各专业配合的基础。

在方案设计阶段，在绿色建筑咨询顾问的指导下，建筑、结构、电气、暖通、给排水专业共同推进绿色建筑的方案设计。除了传统的根据功能需求进行平面和立面的设计外，重点是在方案设计整合绿色建筑相关技术设计方案及说明。例如，在建筑剖面设计中为了实现建筑节能，可以采用通风中庭式设计达到良好的自然通风效果，因此剖面设计应该针对中庭进行更加细致的设计，必要时还要使用计算机软件进行通风的模拟。

（三）扩初设计阶段

在扩初设计阶段，原本在这一阶段开始的结构、暖通、给排水、电气设计被提前到方案设计和概念设计阶段，各专业设计师在扩初阶段需要确定建筑细节的设计方案，同时提出采暖、制冷、照明等主动措施的设计方案。绿色建筑咨询顾问根据这些专业的技术要求，利用计算机模拟分析，指导各专业优化绿色建筑设计方案。

（四）施工图设计阶段

在施工图设计阶段，设计师对扩初设计的内容进一步细化和调整，确定建筑结构的细部做法和建筑材料。建筑设计施工图纸、结构设计施工图纸及各专业施工图纸都在此阶段完全确定。此时，建筑施工所需要的所有信息基本完成，成本的预算也相对精确。对于绿色建筑的施工图设计，设计小组还需要对前面绿色建筑设计技术方案进一步深化，确定需要使用的绿色建筑技术的具体实施方案，同时编制图纸说明和技术说明，使得绿色建筑各项措施达到可操作层面。绿色建筑咨询顾问应对照《绿色建筑评价标准》中条款对设计方案进行审查，保证绿色建筑设计目标已经全部完成，同时，他的另外一项重要工作是测算绿色建筑设计的增量成本，综合衡量设计方案的生态效益和经济效益。

二、绿色建筑设计的方法

（一）节能技术的综合应用

我国幅员辽阔，各地区在自然气候条件以及气温的各方面具有非常明显的差异性。在规划和设计绿色建筑时，我们要结合自然环境以及地质地貌等优势，展开综合分析。特别是对于建筑设计影响相对比较大的气候特点，要进行实地考察，将考察结果作为基础，实现对设计方案科学合理的编制和利用。应结合建筑物在保温、防风等各方面提出的基本要求，对符合现实要求的绿色建筑技术以及相关施工材料进行科学合理的选择和利用。比如在实践中可以直接以新型墙体保温材料或者表面呼吸材料作为基础，以此保证建筑自身在调温以及隔热等各方面性能得到有效提升；尽可能遵循就地取材的基本原则，避免建筑材料在运输时对环境造成的不良影响；避免在建筑施工中成本的过度投入。传统玻璃门窗对应围挡结构，在建设时的能耗相对比较大。而在绿色建筑设计理念的影响下，对新型高性能玻璃进行的合理利用，有利于保证门窗系统自身性能的有效提升，促使建筑自身在保温以及防紫外线辐射等各方面的能力得到强化。

（二）水资源整体利用率的提升

众所周知，我国是一个淡水资源匮乏的国家。建筑行业对于用水整体需求量相对比较高，所以要结合建筑施工特点，对符合要求的循环技术进行引进和利用，保证水资源整体利用率能够得到有效提升。比如在实践中可以对雨污排水系统进行科学合理的设置，对雨水能够直接展开有针对性的回收利用，将其引入城市绿地用水中，或者针对废水进行过滤处理，促使循环再利用。在建筑设计环节中，要针对建筑用地范围内的渗水性能以及雨水排污系统展开有针对性的分析，结合建设时的基本要求，尽可能选择具有非常良好防水性特点的路面或者材料，对植被覆盖进行有效管理和控制，以此保证绿地自身吸水力的有效提升。在实践中对雨污排水系统应进行科学合理的设计和规划，要将现有地面坡度特点作为基础，促使管道铺设方向能够得到有效控制，实现对雨水以及污水相互之间的有效区别，以此保证自然水源整体利用率的有效提升。部分城市在日常运营和发展中对现阶段地下水的过度开采，对于地质结构而言，会造成非常严重的破坏影响。所以要结合实际情况，对目前现有规划设计理念进行不断创新和改革，促使城市在建设时能够逐渐朝着绿色建设设计理念发展。这样不仅能够有针对性地处理雨水、污水等，而且能够避免雨水过多而引起的城市内涝等灾害问题。

（三）自然采光与通风

绿色建筑工程项目在规划和建设时，要保证自然资源能够在实践中得到合理利用，以自然光源和风能作为基础，实现采光和通风的自然性以及环保性。与其他不同类型的光源对比，自然光能够给人们带来一种相对比较健康和舒服的感觉，同时不会对其他额外资源进行过度消耗。当前我国建筑照明系统在房屋建筑能耗总量当中的占比相对比较高。所以在提出和应用绿色建筑设计理念时，要对现有自然光源的价值进行不断深入挖掘，这样做的根本目的是促使照明时使用的电源能够得到有效控制。对于建筑设计部门而言，要将绿色光源作为基础，实现对其科学合理的设计和利用，同时对先进技术手段进行引进和利用，比如镜面反射率相对比较高的玻璃等，促使采光以及自然光整体利用率的有效提升。

应对当地风量以及风力特点展开深入分析，同时要对建筑物背风区域以及日照等相关因素条件展开综合考量，对房屋结构进行科学合理设计，保证门窗各部分通风设计的科学性和合理性，以此实现在自然风作用下的空气对流。比如建筑物之间要有充足的日照距离，同时对建筑物自身的风面进行的合理设定能够尽可能避免对空调或者排风扇的过度依赖。

第四节　绿色建筑的评价标准与方法

一、绿色建筑的评价标准

（一）发达国家的绿色建筑评价标准

在工业文明时代，虽然世界各国社会与经济都借此契机实现了高速发展，但是这些发展成果均是建立在资源过度开采耗用的基础上的。英国是受其负面效应影响最早的国家，所以也是绿色节能理念的第一提出国，历经多年的完善与发展，无论是绿色建筑的理念体系还是实践体系都趋于完善水平。英国绿色建筑的形成最早可以追溯到 18 世纪末，其“绿色精神”可视为此概念的起源点。BREEAM 绿色建筑评估体系的建立日期为 1990 年，是世界上建立最早、至今应用最广的绿色节能评估体系。此体系的建立对促进英国绿色建筑的持续快速发展起到了关键性的作用，同时还给其他国家制定相关评价指标体系提供了参考与借鉴。按照英国建筑产品特性可将其划分为三种类型：其一为公共建筑，其二为住宅建筑，其三则是生态建筑。该体系是将“因地制宜与平衡效益”作为运作核心，侧重于对各项能源、材料等资源利用水平及对环境影响水平的评估。在 2009 年，英国完成了 EREEAM 社区体系的构建，为其提升绿色建筑规划区集中水平提供了有效保障。

在 1988 年，美国绿色建筑协会为了进一步强化对绿色建筑产品的评价能力，提升评价的规范性与标准性，完成了 LEED（LEED 即为 Leadership in Energy and Environmental Design 的缩写，由美国绿色建筑协会建立并于 2003 年开始推行，在美国部分州和一些国家已被列为法定强制标准）体系的构建，并推向建筑市场全面应用。就当前而言，论其绿色建筑体系的完善水平，美国的 LEED 体系占据着较大优势，在各国建筑市场中均可作为绿色建筑评价参考数据，拥有较高的可信度与权威性。它是以建筑产品为核心，对其产品内部及外部制定了相关检测方法，在确保产品开发建设与绿色理念相匹配的同时，做到资源成本耗用最小化，为人们提供真正的宜居之地。

在日本，针对环境评估方面的负责机构主要是环境评估委员会。2001 年，CASBEE 系统完成了筹备建设，并正式启动。日本属于发达国家，其法律体系、技术体系均较为成熟，目前已经围绕绿色产品建立了一系列的配套体系，如法律体系、法规体系以及标准体系等。在 2002 年，该国完成了 CASBEE 事务所版的评估工具，随后根据建筑产品的不同，也提出了各类对应的版本。2009 年，该国绿色建筑评价体系完成了名称更改，即建筑环境综合性能评价体系。到目前为止，其中针对各形式建筑发布评价标准数量较多，如学校、改建建筑以及独立式住宅等。日本的 CASBEE 体系中，加入了环境效率指标，主要对建筑产品造成的环境负荷问题进行分析并解决。

根据以上内容可知，当前处于发达水平的各国的绿色建筑行业发展水平均较高，并且形成了较为成熟的理论体系与实践体系。加之工业化水平的绝对优势为绿色建筑评价指标体系的健全提供了有效保障，其行业实现了统一定位、统一标准、统一管理、统一实施。自步入 21 世纪以后，绿色建筑产品的形式越发多样化，其对应的标准体系也在不断更新、健全，产业、客户、政府、市场、开发企业等资源均实现了统一，绿色建筑的发展进入崭新阶段。

（二）我国绿色建筑评价标准

发达国家绿色建筑评价体系所积累的经验为我国相关领域的研究明确了

方向。在此基础上，我国结合本国具体情况，构建了评价绿色建筑的完善体系。2001 年，我国住宅产业商会出版《中国生态住宅技术评估手册》（简称 CEHRS 体系），在出版之后的两年时间内，其不断修订完善。中国科学院和清华大学共同出版了《绿色奥运建筑评估体系》（简称 CBCAS 体系），这是我国首个评价绿色建筑的严格体系。2006 年，上海建筑科学研究院出版《绿色建筑评价标准》。2014 年，以其为基础，住房和城乡建设部进行了修订与完善，并于 2015 年 1 月 1 日开始应用 2014 年版《绿色建筑评价标准》，这正式成为我国绿色建筑评价的基本参考标准。2019 年，又对其进行新一轮的修订，出台了《绿色建筑评价标准》（以下简称为《标准》）。发展到这个阶段，《绿色建筑评价标准》走过了十多年的发展历程，经历了多次修订和完善。

新《标准》目标是走绿色发展道路，保护环境，节约资源，建设高质量建筑，并对建筑的各项指标进行创新，构建“宜居环境、节约资源、便利生活、舒适健康、耐久安全”的全新指标系统。除此之外，新《标准》指出，评价绿色建筑必须在验收之后，传统运行评价和设计评价结合的方式被彻底取代。现阶段，绿色建筑注重设计而忽视运行的问题广泛存在，消费者的体验感比较差，仅仅有绿色的设计理念，但是实际中真正的功能没有发挥出来。所以，绿色建筑的开发不能仅仅关注设计，还需要注重运行和使用的效果，要促进消费者的幸福感、安全感、获得感全面提升，使得消费者能够住在健康、耐久、舒适、安全的环境中，这才是根本目的。

二、绿色建筑的评价方法

（一）遵循构建原则，做好系统设计

在绿色建筑评价技术与方法应用和完善的过程中，要遵循相应的原则，具体包括三个方面：

第一，要遵循科学实用的原则。应确保评价指标符合科学原则，并且便于落实。

第二，遵循完整性原则。指标要涉及多个方面，要从全生命周期入手，对各个环节进行分析和评价。应该注重技术的应用，确保评价操作简便。

第三，定性指标和定量指标相互统一。一些评价指标可用来定量处理，但并不是所有指标都可定量处理，所以要实现定性和定量的有机结合。

在系统开发和设计的过程中，要坚持这些原则，确保系统的完善性和有效性，需明确评价系统的功能是科学准确地评价拟建好的建筑项目，确保建筑项

目符合绿色、环保、可持续发展的要求。针对已经建设好的项目，要先评估项目的绿色程度，使建筑向绿色化的方向发展，减少建筑项目造成的资源消耗、环境污染、空间浪费等问题。从评估和评价结果中可获取更多经验技术。在后续的建筑项目建设过程中，可运用之前的评价数据，减少以前出现过的环境问题，为绿色建筑的发展提供更多数据依据。

（二）建立数据库组件，优化评价系统

在指标体系建立完成后，可运用数据库技术对指标体系进行信息化的管理和运用，将数据库作为技术核心，结合计算机信息技术，提升评价的操作性、有效性和便捷性。可采用 VBNET 作为开发工具，后台数据库系统运用 Microsoft SOL Server 软件和数据库访问技术作为开发组件，开发一个完善、安全、功能强大的数据库系统，用于存储、查询和分享绿色建筑的数据资源，为建筑模型建立、建筑评价分析提供更多支持和帮助。可将绿色建筑评价指标数据库组件作为核心，设计符合用户需求的操作界面，应用多种类的数据接口，构建完善的评价系统模型，为绿色建筑评价奠定技术基础。

（三）针对当前国情，采取定量评价

在实际评价的过程中，有了技术上的支持，还要明确具体的评价方法和标准。第一，构建科学的评价体系，确定具体的评价指标，符合环保政策、法规的要求。第二，根据具体的国情和国际环境进行分析，不断优化评价指标，确保评价指标的客观性。要采用公正、公平的评估工具，确保评估的准确性。从实际情况出发，制定准确的指标体系，根据建筑行业的发展现状及综合效益，保障评价的全面性和合理性。第三，在评价的过程中，要运用定量评价的方式，合理结合定性评价。根据评价中存在的问题，不断进行评价方式的优化和改进，采用科学技术，借鉴先进的经验方法，促进评价水平的提升。

第三章　绿色建筑设计的技术支持

当前，随着科技的不断进步，全球都在追求以绿色经济环保为中心的发展模式。以此为目的，各国都展开了技术革命。而绿色建筑设计理念也是技术革命的内容之一，贯穿在建筑工艺技术创新之中。实现绿色、低耗、环保已经成为建筑领域的共识，这也是人们对建筑产品普遍的要求和追求。对绿色建筑施工设计关键环节进行研发，成为当前建筑领域的热门话题。本章分为绿色建筑的节地与节水技术、绿色建筑的节能与节材技术、绿色建筑的室内外环境技术、绿色建筑协同创新优化技术四部分。主要内容包括绿色建筑的节地技术、绿色建筑的节水技术、绿色建筑的节能技术、绿色建筑的节材技术等。

第一节　绿色建筑的节地与节水技术

一、绿色建筑的节地技术

（一）绿色建筑节地理念

地球上能够应用的土地资源是有限的，为了实现土地资源的循环利用，需要对土地进行科学合理的规划，打造新型建筑，从而促进建设行业迈向新阶段。在建筑设计过程中，需要设计师秉承绿色建筑理念，立足于施工现场的具体情况，合理划分土地资源，尽可能降低土地资源浪费。比如，出于节地理念，可以建设污水处理站，将其设置在地下，既便于管理，又可以提高土地的利用效率。

（二）绿色建筑节地技术

设计者应该想办法节约土地资源，在设计过程中充分贯彻整合土地保护理念和绿色生态理念，合理地对有限的土地资源进行最大限度的利用。在建筑设计阶段，设计师应该尽量减少土地的占用面积，通过减少建筑面积，提升绿化面积，使绿色建筑理念更加深入完整地得到实现。节地设计的意义不在于建设项目的减少，而在于使有限的土地体现出最大的价值。通常在建筑的节地设计方面采取的措施包括提升建筑的容积率、在满足日照的情况下尽量缩短两个建筑之间的间隔、对地下空间进行更加合理的利用等。

此外，在建筑设计的过程中，对场地的选择也能够影响建筑的节地设计。在场地的选择中，应该尽量选择一些可以搭配自然资源来进行设计的位置，通过对自然资源的合理利用，来增加自然资源在设计及建设中的价值。只有充分了解建筑场地的情况，并熟悉自然资源利用的方式方法，才能确保设计方案更加合理。

二、绿色建筑的节水技术

（一）节水与污水再利用技术的相关概念

绿色建筑设计具体指在建筑使用寿命内，最大限度地节约资源、保护自然环境、节能减排，更好地为人们提供安全、健康的使用和居住环境。因此，现代化建筑设计需不断创新设计理念和模式，注重绿色环保，达到节水与污水再利用的目的。建筑节水排水系统的使用直接影响建筑施工的多个环节，同时关系到人工环境、水体、景观绿化等多方面。建筑设计中可以通过建立科学合理的水循环系统，实现对水资源的有效管理和再利用，提高水资源使用率，有效减少水资源浪费和污水排放量。

进行高层建筑设计时需将其给水系统进行合理分区。市政供水余压可用于低区，对高区则使用减压方式，且减压区不可超过一区，并对其供水压力进行控制，使其小于 0.5 MPa，也可选择减压限流的节水方式。

同时，绿色环保建筑设计主要是以治污为主，不断健全、完善污水的相关处理设施设备。例如同时对于雨水和污水排水系统进行分流，可有效规避两者混合。通过合理设计雨水和污水的排放和回渗渠道，为雨水和污水的排放提供条件，可使其排放畅通，最大限度确保雨水不受污染，充分利用雨水资源，将其净化处理再利用。还可将冲厕废水和其他废水区别开进行收集和排放，根据其水质将其进行优质杂排水和杂排水分类，将其作为再生资源处理后使用，从而有效减少市政供水量和污水的排放量。

（二）节水与污水再利用技术应用的重要性

水资源是人类赖以生存的重要保障，在建筑物设计时需合理规范设计排水系统，确保居民生活中能够正常排水用水。通过设计排水系统、植物浇灌系统等可以实现水资源的有效利用。应结合实际情况，设计出符合节水要求的节水系统，确保经济效益最大化。新时代背景下，绿色建筑设计中需加强节水与污水再利用技术。同时要树立绿色环保理念，科学合理利用水资源，使其作用得到最大化发挥。建筑施工过程中需节能减排、节水节电，对其雨水和污水进行回收、净化处理、再利用。

（三）节水与污水再利用技术的发展现状

新时代背景下，人类和自然关系日益恶化，水资源严重缺乏。绿色建筑设计理念的提出和实施满足了我国建筑设计绿色环保的要求，符合社会发展趋势。我国绿色建筑设计中，节水与污水再利用设计应注意节水设施设备的使用，科学合理回收利用雨水和生产生活污水，并且在施工过程中应对水管进行定期检查，防止渗漏，与此同时，还要严格根据国家相关标准要求开展节水工作。

但在实际建筑工程设计中，相关制度规定不能落实到位，存在较多问题。由于绿色建筑设计中涉及管道走向、线路分布、施工环境、水资源利用等多种因素，建筑企业常常对于节水问题有所忽略，政府相关部门缺乏监管，导致实际施工中经常出现水资源浪费。

第二节　绿色建筑的节能与节材技术

一、绿色建筑的节能技术

（一）绿色节能在建筑中的运用原则

1. 环保性原则

传统的建筑工程建设会涉及诸多的材料与能源，一定程度上会造成废气、废物污染，并且噪声污染也会影响周边居民的正常生活。运用绿色节能技术，可以有效减少各个环节所需的能源，杜绝废气、废物对周围环境的影响，真正实现每个建筑环节的节能减耗、安全环保。

人类必须全面贯彻与自然和谐共处的原则，遵循自然规律，在开展工程建设的过程中多考虑周围环境，杜绝因建筑工程建设而对周围的植被、土地造成的破坏。应对建筑工程施工对周围环境可能产生的影响进行客观分析，全面渗透绿色、环保理念，争取将建筑工程施工对周围环境的影响降至最低。

2. 合理性原则

合理性原则主要是针对建筑工程的两个层面而言，分别是建筑成本问题和建筑质量问题。无论是质量问题还是成本问题，都必须具备合理性，为了节约成本而忽视建筑工程质量是不可取的；相反，若只注重质量而忽视成本，也是不现实的。绿色节能在建筑中的运用更加注重成本与质量的协调性，注重引入绿色环保施工技术与新型能源，在确保施工质量的同时降低成本支出，同时可促进整个建筑工程的节能减排，强化广大住户的居住体验，实现绿色建筑建设目标，促进我国建筑领域的创新发展。

3. 适用性原则

建筑工程的使用者是人。为了满足人们对于美好生活的追求，建筑工程建设工作必须保障建筑空间的合理性、科学性，对建筑空间的舒适性进行严格把控，让整个建筑更加适合人们居住。无论是商用建筑空间还是民用建筑空间，都必须贯彻“以人为本”的理念。

绿色节能在建筑中的运用需要注重自然能源的应用，通过合理的建筑设计做好建筑工程的采光、通风、暖通等，结合不同建筑空间的利用需求，科学合理地保证建筑空间的适用性。

（二）绿色节能在建筑中的运用途径

1. 绿色节能在建筑设计中的运用

高质量的建筑工程设计可以保证整个建筑工程的适用性，切实展现出建筑工程的人性化特点。绿色节能在开展设计前，应全面贯彻“因地制宜”的原则，结合当地的气候、地质、水文、民俗、文化进行分析，对各个环节严格把控。

（1）布局设计

在进行布局设计时，应该考虑当地气候的独特性。我国地大物博，地质情况非常复杂，应结合当地的地质特点与环境布局，科学合理地开展建筑工程格局设计。北方地区通常冬季较为寒冷，必须大力应用太阳能资源，遵循避风向阳的原则开展格局设计；南方地区夏季非常炎热，必须考虑夏季主导风方向进行设计，让风吹入室内，更加便于热量流动。

（2）角度设计

不同的角度和朝向将直接影响建筑工程的使用体验，对人们的生活环境体验也有直接影响。我国北方地区一般是南北朝向的角度较多，建筑物多坐北朝南，这样更加便于冬天取暖；南方地区却是不确定的，需要结合实际情况进行分析，才能有效解决风向与遮阳的问题。

（3）室外绿化设计

绿色节能在建筑设计中最为关键的内容便是环境绿化，高质量的绿化能净化空气，美化环境，减少热岛效应。借助栽种绿植的方式引入立体化的绿化模式，可以有效增加绿化面积，起到保护环境的作用，提升生态环境保护水平，真正意义上实现人与自然的和谐相处。

2. 绿色节能在建筑施工技术中的运用

在绿色建筑理念下，诸多绿色化的建筑施工技术被引入工程建设中，为我国建筑工程的发展带来了强大的发展动力。在绿色节能理念的引导下，必须积极引入绿色建筑技术，以促进整个建筑工程的合理性与环保性。

（1）墙体节能技术

墙体施工是整个建筑工程中施工面积最大的部分，能源消耗也非常大。在进行墙体施工时，可以引入墙体节能技术，尽量减少外墙的凹凸面和架空楼板，以确保楼板形状的规整。墙体厚度设计时要结合实际需求，选择最适合的环保材料，避免出现"热桥"问题，可结合保温层情况设置伸缩缝，同时应完善各项通风及排风工作，以确保施工技术的效果具有时效性。墙面的保温结构一般有三层，分别是内保温层、外保温层和夹心保温层，不同的保温层具备不同的特点。

（2）屋顶节能技术

屋顶施工不仅需要保证其保温效果，而且要保证其隔热、防水性能。应严格按照绿色建筑设计标准，杜绝屋顶出现渗水、发霉等问题。可在屋顶铺设隔热材料，以降低室外温度对室内温度的影响。在屋顶材料的选择中，应结合工程的实际需求选择吸水率、容量导热系数及外观均与相关技术标准相符的材料，同时做好储存、运输等一系列工作。当浇筑完成后开始进行铺设工作时，铺设的厚度应超过设计的130%，并使用木板等将铺设磨平，同时做好保养维护措施，避免出现裂缝及渗水情况，从而提升屋面的隔热及保温性能。

（3）门窗节能技术

在我国建筑工程技术不断发展和进步的当下，门窗节能技术已经趋于成熟。随着科技水平的不断提升，玻璃幕墙等大面积窗户成为当前较为流行的窗户类型。节能建筑工程中门窗应选择保温性能及节能性能完好的材料，如门窗玻璃可以选择淡色镀膜玻璃、中空玻璃，此外，塑钢与断桥铝合金窗也是当前应用较为普遍的绿色门窗。

（4）太阳能技术

太阳能是一种清洁、无危害的可再生能源，应用到建筑工程中可有效节省资源支出，解决资源短缺的问题。例如，可以将太阳能技术应用到照明及热水循环系统中，或将太阳能转化成需要的电能或热能，为人们提供基础生活保障的同时，还能减少成本支出。

（三）绿色建筑节能设计中 BIM 技术应用

1. BIM 技术浅析

所谓 BIM 技术，其核心为建筑模型技术，即通过对建筑资料的调查与设计，构建建筑模型，方便设计人员对设计内容的观察，尤其是设计细节的处理，并且为建筑施工提供更多方便。BIM 技术应用期间，以 3D 信息数据对建筑项目的具体结构与设计情况进行描述，可以获得更详细的设计资料，同时还能客观分析设计信息与性能，有效梳理施工工序、施工操作、施工质量与竣工验收等的关系，对绿色建筑节能设计来讲意义重大。绿色建筑节能设计中，BIM 技术的应用可以对建筑工程工序准确识别，客观梳理其中的联系，还可以对建筑数据进行全面整理分析，并将分析结果以多种形式展现。若建筑设计中某些因素出现变化，则 BIM 系统能迅速捕捉，并自动进行变化分析，迅速给出最新数据分析结果，如此不仅能做到数据分析的及时性与准确性，同时还能确保建筑设计的完整性。

2. BIM 技术在绿色建筑节能设计中的应用原则

BIM 技术应用须遵循相应原则，结合绿色建筑节能设计需要，合理应用，确保其优势与价值得到充分发挥。

（1）因地制宜

BIM 技术应用须坚持因地制宜，结合绿色建筑周围环境、地质条件与气候，还须分析生态环境特点，深入勘察地质、水文，科学整理相关资料，为 BIM 技术提供更全面与准确的应用依据。不仅如此，设计人员还要重视生态环境保护，将建筑设计对生态环境的负面影响降到最低。

（2）规范性

设计人员所有设计内容以及参数等都须遵循规范性原则，待节能设计完成后，及时上交到专门部门进行检查与审核，保证所有节能设计均符合生态环境保护与建筑施工规定。这也是后续顺利施工的前提条件。BIM 技术应用应贯彻落实相关设计标准，结合具体情况凸显出节能设计的针对性，以节能与生态保护为前提，科学协调建筑工程与环境的关系，为有效落实节能设计工作、节能设计高效性的实现创造有利条件。

（3）操作性

操作性原则主要体现在BIM技术应用的具体操作方面。三维数字技术可及时对节能设计进行信息建模，搭配仿真技术，直观呈现出设计结果，为设计人员完善设计信息、精确设计数据等提供帮助。数据化形式对设计模型进行演示，方便设计人员对工程结构与节能设计的掌握，及时发现节能设计不足，科学调整设计内容。应在操作性原则要求下，科学进行参数化设计，使数据信息整理更及时、精准，及时呈现出节能设计的具体结构状态，客观分析参数中隐藏的关联性，在虚拟状态空间与分布式设计协助下，进一步优化绿色建筑节能设计。

3. BIM技术在绿色建筑节能设计中的具体应用

结合建筑施工对隔热性以及采光性的指标要求，通过环境、节能、建筑相关数据分析，进一步完善绿色建筑节能设计方案，结合具体应用对BIM技术展开详细研究。

（1）采光设计

采光是建筑设计中的重要内容，采光的合理设计直接影响室内温度变化与舒适性。绿色建筑节能设计中，采光设计科学到位，能有效节约建筑电力资源，减少电力能耗。采光设计的影响因素具体涉及面积、日照窗户材质等。节能设计传统形式中，采光设计手段以渲染选件为主，这种手段虽然能有效进行采光设计，但是在自然光表现方面缺乏合理性，不能确保建筑空间光线的层次感，并且易频繁地出现视角单一的情况，影响建筑后期应用中的节能效果。

绿色建筑节能设计中应积极应用BIM技术，利用数据分析技术，对建筑空间、采光相关数据全方面收集与分析，尤其是对窗户采光面积以及玻璃材质等，以精准的数据分析，为节能设计提供更详细的数据信息。还可进一步对采光设计进行智能化构图，通过虚拟光源动态性调节手段，全面分析采光度、敏感度，综合外界不同时间段阳光变化，以具体形象加以展示，方便设计人员观察、分析。在室内采光设计中，也可利用该技术对灯具的设计进行详细分析，从不同区域着手，对灯具应用情况以及光源变化需求等综合考虑，及时绘制出虚拟展示的节能与采光效果图，在3D模拟功能协助下更直观地呈现给业主，方便业主对采光设计的了解。

（2）外墙保温设计

外墙保温设计中，常用材料包括挤塑板、保温砖。这两种设计模式，结合BIM技术，及时进行数据测量与计算，不仅能保证保温数据精准，同时在很大程度上可提高材料利用率。

尤其是墙体荷载计算，BIM技术打破传统外墙保温设计中平面设计模式的限制，通过对外墙保温相关资料的统计、基层数据信息的分析，计算保温层信息数值，包括外层数据信息，帮助外墙保温科学规划负载分布，为设计元素的配置以及墙面砖支撑结构的完善提供准确依据。还可在此基础上对热桥准确计算，进一步完善绿色建筑节能设计，特别是外墙自然温度的引导汇集，从而起到理想的保温效果，为外墙保温设计节省更多资源，并实现自然温度的节能环保利用。

（3）给排水设计

给排水设计作为建筑节能设计的重要内容，不仅关系到建筑资源能耗，同时对建筑质量、业主应用等同样有直接影响。BIM技术在给排水设计中的应用，可有效改善传统给排水设计不足，进一步保证给排水节能设计效果。BIM技术实际应用中，主要从以下三个方面着手。

首先，可就给排水系统节能设计积极展开协同设计，综合给排水系统立体设计与平面设计，打造真实的给排水管道模型，全面了解给排水管道设计结构，准确计算水流量，动态分析水流量变化情况。不仅如此，还可及时对高层水压进行模拟，为节能设计优化提供更多帮助。在满足用户用水需求基础上，及时对给排水建筑中可能造成的浪费与污染进行预测，采取有效的预防措施，帮助绿色建筑给排水节能设计发挥更大价值。

其次，在给排水结构设计过程中，BIM技术及时对相关资料数据进行统计、整合、分析，经过详细专业的筛选，为绿色建筑给排水节能设计提供更多参考。可针对给排水系统中的管道布局，及时制订模拟方案，通过三维立体技术生成给排水管道布局模型，及时发现其中的管道设计冲突问题，灵活调整管道设计方案，在解决管道设计问题的同时，延长管道使用寿命。

最后，给排水系统节能设计中，包括很多附属部分的设计内容，对附属部分的设计不容忽略。BIM技术以数据模拟为前提，可及时对安装进度进行模拟，并在四维模型的引导下，严格控制附属部分施工进度，确保所有施工都能顺利完成，同时保证施工质量与科学性，有效规避给排水系统的资源浪费与污染现象。

（4）室内环境设计

室内环境节能设计中，BIM 技术帮助其打破传统设计限制，融入更多新的设计理念。室内环境设计是营造良好氛围、提高舒适性的关键手段，同时也是提高绿色建筑设计可靠性的基础。

BIM 技术可在室内环境设计中发挥优势，利用模拟工作，根据收集到的绿色建筑节能设计数据，及时对室内自然通风状态进行分析，尤其是室内封口尺寸与位置，综合分析结果进行灵活调整，进一步保证室内空气的流畅，并在通风性能进一步强化的基础上，及时对室内环境加以改善，利用通风设计优化的条件，减少室内环境的能耗。通过 BIM 模拟技术进行建筑室内布局，可获取室内布局的各方面参考数据，根据室内环境节能设计相关标准，对室内环境节能设计方案进行完善，还可积极创建室内环境节能设计专业模型，为室内环境节能设计工作的顺利开展与高效完成创造有利条件。

（5）电能利用设计

电能利用设计中，BIM 技术的应用首先体现在 CAD 设计软件方面。在基本设计基础上，能综合管线布局与电能利用、设计效果等因素，积极进行电力能耗计算，尤其是有害气体含量的计算，还能积极对绿色建筑群进行亮化模拟处理，打破绿色建筑电能利用设计方面的局限，积极进行生态污染分析，对绿色建筑周围环境综合分析，计算负载力，随后有针对性地调整电能利用设计方案，由此取得更理想的电能节能利用效果。布线设计中，对建筑中涉及电气设备布线情况进行演示，确保所有布线设计的科学性与电气设备布局的合理性，并提高绿色建筑电能利用设计水平。

二、绿色建筑的节材技术

（一）绿色建材发展背景

1. 绿色建材定义

经过多年的研究应用，绿色建材的定义不断地更新演变。最新发布的《绿色建筑评价标准》GB/T 50378—2019 对绿色建材的定义为：在全寿命周期内可减少对资源的消耗，减轻对生态环境的影响，具有节能、减排、安全、健康、便利和可循环特征的建材产品。从以上定义可以看出绿色建材对建筑节能、碳减排以及生活品质具有重大的意义。

2. 国内绿色建材发展情况

改革开放后，我国建设工程规模持续扩大，对资源能源的需求也越来越大，资源能源的高消耗也给环境带来严重污染。随着国家对节能减排的要求越来越高、任务越来越重，行业内逐渐聚焦绿色建材的研发、生产与应用。促进绿色建材生产和应用，是拉动绿色消费、引导绿色发展、促进结构优化、加快转型升级的必由之路。

围绕绿色建材的发展也越来越受到国家的高度重视，2013 年住房和城乡建设部、工业和信息化部联合成立了绿色建材评价标识管理办公室，随后在 2014 年和2015年两年时间内两部委又联合相继发布了《绿色建材评价标识管理办法》和国内第一部绿色建材评价标准体系《绿色建材评价技术导则（试行）》，旨在更好地推进绿色建材产品生产与应用。经过 30 多年的探索与发展，我国绿色建材已取得较大的成就，成功应用在多个工程领域。目前、福建、河北、江苏、河南等省出台了绿色建材推荐目录，标志着我国绿色建材应用推广工作开启新篇章。

（二）绿色建筑中节材与材料资源利用技术

1. 矿物掺合料的使用

矿物掺合料是指用在混凝土、砂浆中可替代水泥使用的具有潜在水化活性的矿物粉料。目前主要有粉煤灰、矿渣、硅灰等。在混凝土配合比设计时，掺合料与水泥颗粒细度的不同，会导致一定的超叠加效益和密实堆积效应，从而使得混凝土的孔隙率降低、密实度升高，可有效提升混凝土的抗渗性能和力学性能，配制出高性能的混凝土，满足不同工程的需求。且不同掺合料之间水化活性的不一致，还可形成次第水化效应，即水化活性高的掺合料优先水化，产生的水化产物可填充到尚未水化的掺合料与砂、石之间的间隙中，进一步提高混凝土的整体密实程度，促使其力学性能、抗渗性能提高。

随着材料制备技术的提高，矿物掺合料取代水泥的量可高达 70%，大大节约了建筑工程的水泥用量。且掺合料的应用还会对混凝土的其他性能有一定的提升作用，如矿渣可提高混凝土的耐磨性能，可用于机场和停车场；粉煤灰可有效降低混凝土的水化热，减少其因温度应力而形成的开裂；硅灰可提高混凝土的早期强度，有利于缩短工期等。

2. 节材技术

（1）有利于建筑节材的新材料新技术

使用高强建筑钢筋。我国城镇建筑主要是采用钢筋混凝土建造的，使用了大量的钢材。一般来讲，钢筋的强度越高，在钢筋混凝土中的配筋率越小。相较于 HRB335 级钢筋，HRB400 级具有强度高、韧性好、焊接性能良好的特点，应用于建筑中具有明显的技术经济性能优势。由最新发布的评价标准可知，用 HRB400 级钢筋代替 HRB335 级钢筋，平均可节约钢材 12% 以上，而且，使用 HRB400 级钢筋还可以改善钢筋混凝土结构的抗震性能。

使用强度更高的水泥及混凝土。混凝土主要是用来承受荷载的，其强度越高，同样的截面积可以承受的荷载就越大；反之，承受相同的荷载，强度高的混凝土界面可以做得很小，即混凝土梁柱可以做得很细。

使用散装水泥。散装水泥是指从工厂生产出来后不用任何小包装直接通过专业设备或容器从工厂输送到中转站或用户手中的水泥。多年来，我国一直是世界第一水泥生产大国，但却是散装水泥使用小国，袋装水泥需要消耗大量的包装材料，且包装破损和袋内残留造成很大耗损。

使用专业化的商品钢筋成品。采用专业化加工配送的商品钢筋是指在工厂中把盘条或直条钢筋用专业机械设备制成钢筋网、钢筋笼等钢筋成品直接销售到工地，从而实现建筑钢筋加工的专业化。建筑钢筋加工配送的商品化和专业化能同时为多个工地配送商品钢筋，钢筋可进行综合套裁，废料率约为 2%，而工地现场加工的钢筋废料率约为 10%。

（2）建筑工业化程度

有关研究数据表明，现场施工钢筋混凝土，每平方米楼板面积会产生 0.14 kg 的固体废弃物，日后拆除时会产生 1.23 kg 的固体废弃物。而正常的工业化生产可减少 30% 的工地现场废弃物，减少 5% 的建材使用量，节材意义很大。

近年来，我国推广大开间灵活隔断居住建筑，若在结构设计上采用预制混凝土构件，如大跨度预应力空心板，则可降低楼盖高度，减轻自重，节约材料。根据发达国家的经验，建筑工业化的一般节材率可达 20% 左右。按照这个目标，我国建筑工业节材还有很大潜力。

3. 加固材料的应用

加固材料是指将粉煤灰、钢渣和炉渣等具有潜在水化活性的工业废料与碱激发剂按一定比例混合而成可固结土壤的材料。这种材料具有高渗透性和固结性能，材料的流动度、扩散度大，具有优良的可灌性，早期强度高，后期强度仍可增长；可实现单液灌浆、定量校准，无噪声，工艺简单；可用于建筑地基土坡、隧道土壤的加固。

第三节　绿色建筑的室内外环境技术

一、绿色建筑的室内环境技术

（一）绿色室内环境技术指导原则

1. 适应自然原则

著名建筑大师赖特曾经指出：建筑物应像植物一样，从属于环境，在阳光的照耀下从地面生长。他的许多设计作品都体现了这种“有机建筑论”，例如其代表作品流水别墅，不论是建筑形式的表现，还是室内环境的设计，都做到了与周围环境的完美融合。绿色设计理念想实现室内环境和自然以及自然和建筑之间的完美融合，也是为了贴合重视生态并尊重大自然的发展规律的准则。但是这种融合并不单指建筑及其室内与四周环境在视觉上的融合效果，更多的是指生态平衡意义上的协调融合，如降噪措施、废弃物的处理方式、洁净能源的使用等。这种适应自然的原则也是在阐述当下人类与大自然的关系，人类属于并且源于自然，但是大自然并不是人类的私有物品，人类不能将自然作为自己的私有物。

2. 动态发展原则

建造建筑物的核心目标之一就是提供满足人类内心需求的居住空间，而居住空间环境的设计与人们的健康息息相关。绿色室内设计首先就要做到设计的“因人而异”，在最初规划中，应该考虑到不同人群的使用要求；其次，在设计的过程中应针对设计对象和不同人群的需要做出相应设计。从理论上看，没有一成不变的空间，随着时间的推移、季节的交替，使用者的需求也有相应的改变，这种变化要求室内空间的功能也要随之改变。因此，室内环境需要具备充足的灵活性。

日本建筑师丹下健三提出了建筑的“新陈代谢”理论，强调事物总是处于增长变化和衰落的循环中。该理论的代表作品是日本山梨文化会馆，这座建筑可以算作建筑“新陈代谢”理论的优秀实践。山梨文化会馆的整体造型近似抽屉，主要支柱采用了 4 行大圆筒结构，并将服务性设施设在圆筒结构中作为固定空间，办公室和活动窗可根据需要更换功能。该建筑物自竣工以来一直在扩展，该空间也将随着时间的推移不断增长和变化。

（二）绿色室内环境技术的艺术特性

1. 风格简朴

绿色设计理念的基本设计准则是维护整个自然生态环境，这个理念并不是为了征服自然，而是希望能在不对自然生态环境造成损害的前提下，设计出舒适优美的建筑环境。设计中往往会忽略所谓形式美的设计原则，而侧重考虑现有技术条件对自然是否适用，以及设计出的空间能否在自然中达到舒适性。设计出来的空间应该是生长于自然中的，例如俄罗斯的传统顶棚式建筑和云南的吊脚楼。它们的造型受当地环境的制约，虽看起来不够精细，使用的材料也略微粗糙，但这种简易的建筑结构往往会给人带来“大巧若拙”的美感。

2. 材料天然

用天然材料装饰室内环境通常会使人们感受到大自然的趣味。以羊毛、棉、亚麻和合成纤维为主，通过缝纫、刺绣等多种方式绘制图案，最后制成地毯和其他装饰物。这些装饰物总是给人带来温暖、清新和简单的氛围感。用于室内装饰的天然装饰材料有许多种，常用的材料主要包括竹子、茅草、石材、亚麻、木材等。其中竹的材性笔直、整齐、硬度高，视觉舒适，并且具有强烈的装饰感和回归感。茅草和芦苇因为具有优良的隔热性，常在热带地区被制成窗帘等室内装饰，还会被当作屋顶的主要材料，如巴厘岛的传统稻草屋顶。在我国西南地区也有部分少数民族会将茅草用于房屋建造中，利用茅草将热量与亚热带阳光隔离开来。

3. 空间生态

与传统的室内空间设计相比，绿色室内设计的侧重点不单单在于视觉形象的最终呈现效果，更多的是衡量自然生态是否会因室内环境而产生不良影响。绿色室内设计是一种倡导质朴纯粹且环保健康的生态美学。传统室内空间的设计往往会以视觉效果作为设计出发点，而绿色设计理念则是希望突破传统设计要求，着重考虑利用生态要求来衡量空间感受。

例如，设计门窗时，会首先考虑使用感受，窗户的位置是否通风，采光效果是否良好。窗户的形状也不单根据传统设计中的形式法则决定，为了使空间更具生态性，可能会选择大面积的太阳能光板，也会采用大片且连续的落地窗。除了传统维度外，生态伦理成为室内空间和绿色生态美学评价中的新维度。

（三）绿色理念在室内环境技术中的应用

1. 绿色环保节能材料的应用

由于施工工艺和条件的限制，现阶段室内设计的节能只能体现在水、电、保温等相关工程中。在对室内空间进行装饰的过程中，绿色设计、陈设布局和色彩装饰等方面的设计更多是对整体空间环境进行氛围营造，照明系统和空调系统相对来说耗能会高很多，这样的设计现状也要求设计师需要注重材料的选择。注重选择材料既是增加对环境的保护，降低资源以及能源的消耗，也是提升室内设计效果的设计基础。因此，在实际工作中，首先要根据最小化的基本原则选择绝缘材料和环保材料；其次，在设计过程中，空间设计与布局应结合实际需要，严禁过度浪费建材；最后，需要在设计时最大限度选用高回收率的材料，例如装饰品和家具可以选择重复使用而不会有任何损坏的类型。

2. 空间的合理优化布局

室内设计的核心观念是除了为人们创造一个良好、舒适的居住环境，还需要对空间实现合理的布局。此外，最值得注意的问题之一就是噪声污染。在现阶段，静谧且具有私密性的空间已成为当代社会的迫切需要。所以在设计的过程中，更加需要注重空间的合理分配。可以选择使用具有隔音效果的材料帮助空间的划分，这样能有效隔离开私人领域和公共空间之间的噪声打扰；也可以选择种植绿色植物，既能吸收室内空间装修产生的有害气体，改善空气质量，美化环境，又能减少外部环境造成的噪声污染，增强空间的舒适性。

3. 室内外环境融合

随着现代社会的发展，城市化普及范围越来越广，城市中的建筑数量逐渐增加，到处都是沥青路和机械化生产，这种状况需要在室内空间的设计中得到改善。同时设计师也需要为使用者设计、创造出良好的绿色理念空间，故而在设计的过程中需要加强自然环境与室内空间的融合，其中最有效且直接的方式就是在室内空间的设计中加入植物种植或者是盆栽种植，这样可以在加强空间与自然环境关系时调节使用者的心情，如美国旧金山 Windhover 沉思中心。除此之外，也可以利用不同的材质在室内空间中打造近似自然的肌理形式，如深圳万科中心会议区接待室。

4. 注重细节表现

事物的微妙之处在于细节的体现，细节虽小，但往往是决定品质的关键所在。作为一个整体，室内环境的本质是由多个小细节所组合而成，这些细节要求不仅需要对空间边角进行处理，也需要对室内环境的整体空间功能进行细节划分。由于不同的使用者对室内环境所提出的需求不同，作为设计师，需要在室内环境设计中，着重分析需求差异，从差异中入手具体的细节设计。

例如，当下设计师需要考虑家用电器种类增长的发展趋势，在设计过程中对空间尺寸安排更为严格，根据使用空间留意插座数量，预留出足够的插座；有的业主喜欢藏书，设计师就需要在设计时多预留出书架空间；有些业主喜欢品茶，那就要帮他们考虑更适合休憩的空间色调及家具。由于使用群体的不同，使用者对空间的需求也大为不同，因此设计中需要将个体差异视作空间细节的特殊需求。

二、绿色建筑的室外环境技术

（一）室外风环境

1. 风环境的定义

风环境是重要的气候因子，是室外自然风在受到城市建筑物和地形地貌的作用后所产生的风场。风速和风向的分布情况常用风玫瑰图表示，风玫瑰图分为风速频率分布图和风向频率分布图。

建筑风环境主要研究建筑物内外空气流动的分布状况，研究主体是风、人体、建筑物，三者的互相影响关系是该领域的主要研究方向。

2. 风环境的相关技术

住宅小区内建筑周围微环境的空气流动对城市微气候以及居住者的身体健康有着重要的影响。若局部风速较大，会给行人带来不便；若局部风速较小，则对空气中污染物和余热的散失不利；若气流在住宅区的局部区域产生死角和旋涡，则会形成污染物的聚集。在建筑设计规划阶段，应对建筑周边的室外风环境进行模拟预测，避免风速过大或者过小的情况出现，提高居住者的风感觉舒适度。在冬季工况下，需要控制高层建筑周边的室外风速，防止因风速过大造成玻璃等物件的破碎，同时，应减少因冷风渗透所造成的冬季采暖热负荷；在夏季工况下，住宅区内的风道需要保持通畅，使污染物和余热能有效散出，防止污染物的堆积影响居住者的健康，而且建筑物前后两侧需要保持一定的风压差，便于建筑的自然通风，降低夏季冷负荷，有利于节能减排的实现。

我国《绿色建筑评价标准》中规定：住宅建筑室外风环境要适宜于人体行走，夏季和过渡季时，要有助于自然通风。《中国生态住宅技术评估手册》规定:

根据风玫瑰图，进行合理规划，保证居住者在活动生活区内有舒适的室外风环境，同时协调好夏季自然通风和冬季防风的关系，即冬季局部风速不超过5 m/s，室外风速的放大系数小于2，除了第一排迎风建筑外，建筑前后风压不大于5 Pa；夏季能够保证良好的自然通风条件。

（二）室外声环境

1. 声环境的定义

声环境是指人耳能感知到的自己周边的声音状况，声源、传声途径、接收者是声音的三大要素。声源以声能的形式向周围的介质辐射，声能以声波的形式经过介质传播到接收者的耳朵里。声音在传播中会发生声反射、声干涉、声散射和声绕射等情况。

改善声环境质量，已经成为住宅建筑可持续发展设计中的重要问题，也是绿色建筑设计阶段研究的主要课题。优良的声环境应该能避免噪声对人们生活的干扰，使需要的声音能够保真。为了达到声环境的要求，在建筑材料选择时，应当选择消声材料；在建筑选址阶段，应当避开交通主干道，无法避开时，应当将临街的建筑作为商铺。在建筑设计阶段，应当设置茂密的绿化带将噪声源与建筑隔离。植物能通过枝叶与声波发生共振而吸收声波、反射噪声，小且密的树叶之间的空隙也能像多孔材料一样吸收噪声。

2. 声环境技术

住宅区声品质对人们的生活有着关键的影响，保证建筑周边室外声环境的质量很重要。室外声环境良好的住宅小区一般情况下出行交通方面不是特别便利，交通便利的住宅小区因受道路交通噪声的影响，声环境品质较差。《中国生态住宅技术评估手册》中规定，对于住宅区设备噪声、交通噪声、生活和施工噪声等，必须采取消声、降噪和防噪的措施，进行综合管制，室外环境噪声需满足《城市区域环境噪声标准》GB 3096-93 中的相关规定，昼间噪声最大为 55 dB，夜间噪声最大为 45 dB。

（三）室外光环境

1. 光环境的定义

建筑室外光环境是指在建筑的外部由光照产生的环境，用来适应视觉、物理、心理等方面的要求。天空光和太阳直射光、人工光、室外遮挡物等都会影响室外光环境。

2. 光环境技术

在进行住宅小区室外光环境评价时，建筑物之间的间距应符合建筑物日照间距的要求，若不满足，应重新进行布局规划的调整。《中国生态住宅技术评价手册》规定要保证每个住户尽可能得到充足的日照和采光，来达到健康和卫生的要求。在冬季时，应尽可能利用日照作为冬季采暖的能量补充。在建筑周围室外环境中应考虑光环境的好坏，对规划中的建筑进行模拟预测，分析室外光环境是否符合相关标准。

（四）室外热环境

1. 热环境的定义

室外热环境对人体的感觉和健康有重要的影响，湿度、空气温度、太阳辐射、风等因素构成了室外热环境。空气与地面进行热量交换，大气吸收大量的长波辐射后升温。太阳辐射经过大气层时，一部分被二氧化碳、臭氧层等吸收，一部分直接照射到地面。热舒适是心理上和生理上综合作用的感觉。目前最常用的热舒适的定义是：对热环境的满意程度。

2. 热环境技术

随着城市化的发展，热岛效应愈来愈严重，住宅小区室外热环境对居住者舒适度的影响逐渐增强，同时也影响着室外空气品质和建筑能耗。改善建筑室外热环境的措施有很多，如合理种植绿化、增加绿地面积、降低人为排热、增加换气效率等。

第四节　绿色建筑协同创新优化技术

一、绿色建筑施工技术创新原则

应基于对绿色建筑施工技术的研究，正确认识其对绿色建筑与生态环境改善的重要性，在此基础上对集成创新的原则进行总结研究。综合绿色建筑施工技术集成创新需要与绿色建筑施工技术特点，可将绿色建筑施工技术集成创新原则归纳为四点。

（一）经济性原则

对于绿色建筑施工技术集成创新来讲，作为绿色建筑发展的重要组成，其主要目的是帮助绿色建筑完成施工，获取更多的经济效益。在基本施工技术基础上，还要提高施工资源利用率，科学地对施工资源进行整合，以此来优化绿色建筑施工模式，帮助绿色建筑施工有效控制施工成本，从多角度实现绿色建筑控制资源，提高质量、生态效率以及建筑施工的经济效益等多方面共赢。在尊重经济性原则基础上，应帮助绿色建筑更理想地规划建设方案，实现建设目标，以经济性原则为前提，将绿色建筑施工技术优势发挥到最大化。

（二）协调性原则

协调性原则体现在绿色建筑施工项目的各个方面。首先是生态环境与绿色建筑施工方面。绿色建筑施工中，不管选择主动式施工技术模式还是被动式施工技术模式，都会对环境带来一定的影响，因此需要遵循协调性原则，科学协调生态环境、绿色建筑施工的关系。其次是施工技术方面的协调，尤其是高新技术、节能技术、基础技术等方面。技术的相互配合对建筑工程施工质量保证非常重要，所以必须从统一性、合作性、协调性等角度出发，调节技术之间的冲突，为施工的顺利完成创造有利条件。

（三）整体性原则

整体性原则要求开展基础创新之前，必须认识到绿色建筑施工项目作为一个整体性项目，绿色施工技术的创新是建筑项目整体的一部分，所有技术集成创新都需要在保证绿色建筑施工项目整体下完成。绿色建筑工程拥有完善的系统，绿色建筑施工技术的创新均属于主系统的子系统创新，集成创新效果关系着绿色建筑工程的施工质量与经济效益，这也是整体性原则的体现，所以必须严格遵循。

（四）系统化原则

系统化原则体现在绿色施工建筑设计效果、节能效果等评定上。绿色节能效果的评定，需要绿色系统运行与绿色建筑施工技术有效性等方面的支持。从绿色建筑施工系统整体出发，以系统性的管理模式，进一步完善系统化流程，保证技术集成创新的顺利完成。同时还涉及绿色建筑系统的多样化以及模块化，这些都是集成创新的重要条件，也是系统化原则的体现。

二、绿色建筑协同创新的优化技术

绿色建筑是建筑业践行绿色发展理念的重要途径，自 2005 年原建设部和科技部印发《绿色建筑技术导则》以来，我国绿色建筑发展已走过十余个春秋，并取得了举世瞩目的成就。

我国已初步形成绿色建筑政策、标准体系，全国已建成的绿色建筑超过10亿平方米，有多个省市对绿色建筑设立标准，已衍生出健康建筑、绿色校园等更为贴近广大人民群众生活所需的工程建设标准。随着国家标准《绿色建筑评价标准》2019版的发布实施，绿色建筑行业的发展也进入了新时代。在创新引领各行各业的大背景下，协同创新成为推动绿色建筑发展的新引擎。

绿色建筑协同创新是指以绿色建筑的高质量发展为创新目标，多主体、多因素共同协作、相互补充、高效配合的创新行为。其主要形式是产学研协同创新，特别是高校及科研院所、行业产业、地方政府进行深度融合，构建产学研协同创新平台与模式。绿色建筑协同创新应充分发挥高校、科研院所和企事业单位的资源优势，以绿色建筑科技发展的重大瓶颈、共性问题研究为导向，以创新人才队伍建设为根本，以体制机制创新为核心，以工程示范和产业发展为落脚点，进行多方位交流、多样化协作，持续推动绿色建筑全方位高质量发展。

绿色建筑协同创新的表现形式主要有两类。一类是组织形式上的协同创新。目前我国已经建成西部绿色建筑协同创新中心、天津绿色建筑协同创新中心、江苏建筑节能与建造技术协同创新中心、山东建筑大学绿色建筑协同创新中心等机构。这些机构联合科研院所、企事业单位和地方政府，共同开展绿色建筑领域的研究与开发，促进技术集成与成果转化，推动工程示范及产业发展。另一类是技术角度的协同创新。绿色建筑发展十余年形成了很多概念，如健康建筑、超低能耗建筑、近零能耗建筑、零能耗建筑、装配式建筑、被动式建筑、主动式建筑等，这些都可以看作绿色建筑在不同方面的表现形式。将不同概念进行组合研究和实践是绿色建筑领域协同创新的途径之一。同时，在科技发展迅猛的今天，BIM、大数据、云计算、物联网（IoT）、区块链等新技术层出不穷，如何将这些新技术有机融入绿色建筑技术体系，也是值得同行深入开展的协同创新课题。

第四章　绿色建筑的暖通空调设计

随着时代的发展，现代居民的生活水平逐渐提高，暖通空调逐渐走进大众视野，并且在日常生活中发挥着越来越重要的作用。伴随着科学技术水平的提高，暖通空调的各项功能也都朝着为人们提供更好的生活，并且能够经受严格以及恶劣环境的考验的目标迈进。本章分为绿色建筑暖通空调技术、绿色建筑暖通空调设计、智慧城市大数据条件下的暖通空调设计三部分。主要内容包括暖通空调的含义、暖通空调的发展趋势、实现绿色建筑暖通空调设计的技术措施等方面。

第一节　绿色建筑暖通空调技术

一、暖通空调的概念

暖通空调在学科分类中的全称为供热供燃气通风及空调工程，主要包括采暖、通风、空气调节这三个方面，从功能上说是建筑的一个组成部分，也是未来家庭必不可或缺的一部分。

二、暖通空调的发展趋势

暖通空调是耗能较大的行业。在节能环保的大背景下，低碳环保的生活方式对暖通空调市场影响深远。随着暖通空调行业不断发展，产品布局正在悄然发生变化。低碳节能已经成为暖通空调产品的基本诉求。暖通空调企业不断运用先进的科技，提高空调产品的能效等级，开发能源替代和再生能源利用技术，研制新制冷剂等。节能环保时代的到来为节能技术占优的企业赢得了更多商机，同时也向一些产品技术落后的品牌提出了挑战。目前，国内暖通空调行业在研发发面不断加大投入，力推节能产品，围绕节能、环保打造企业核心竞争力。节能环保成为暖通空调行业发展趋势。

三、实现绿色建筑暖通空调设计的技术措施

生活水平的提高，使得更多的人对居住房屋的要求更加苛刻，需要房屋具有冬暖夏凉的特征，更加适合人们生活、学习。因此，暖通空调专业也就成为建筑施工中的一项重要内容。从全球范围来看，在20世纪80年代初，楼宇的暖通工程就被提出，但是由于楼宇的暖通工程会造成很大的能源消耗，在随后能源出现危机的大背景下，需要及时调整其工程施工结构，降低对能源的依赖程度，同时进一步拓展其控制领域，不仅是对室内温度进行调节，而且可以实现对室内的湿度、可吸入颗粒物进行调整，发展成一套更加完善、更加绿色的室内空气调节系统。这个系统在室内空气温度的调整方面可以进一步进行温度提升和降低的操作，同时可对相关的楼宇照明进行控制。但该系统采用的是定量的工作形式，造成了很多的能源消耗，与现在绿色建筑的设计理念有着明显的冲突。

随着人与自然和谐发展理念的提出，建筑师开始关注暖通工程对于绿色建筑的意义和作用，对相关的设计和工作形式进行了有效的调整。调整之初，设计师将重点放在了系统工作量的控制上，降低系统对于能源的依赖，但是如果将照明光度和空调风量降低，室内的光线和空气的流通性将降低，因此，这种只将暖通工程进行节能降耗处理的做法是不科学的，需要对涉及的很多建筑领域进行调整，才能在不影响其使用的条件下，实现最终建筑的绿色化。

建筑师需要不断拓展建筑发展的空间，在设计中引入一些现代化、适应性较强的技术和工艺，实现楼宇整体的协调统一，对暖通工程系统进行全面的升级改造和节能降耗处理。

1. 整体上的绿色化处理

室内空气调节系统是调节楼宇温度、湿度、可吸入颗粒物量的主要设备。在整体设计该系统的时候，就需要对整体的系统需求量进行计算，这个计算主要还是依靠对整个楼宇情况的模拟仿真，对所需要的温度、湿度、可吸入颗粒物的调节的整体的仿真。对于需求量进行的有效估计，是系统设计的基础和依据。在系统设计过程中，需要对容易将能源降下来的方面进行重点突破，例如，楼宇空调的主要功能是降温，而且很难找到其他清洁能源来取代电能，但是对于空调的制暖功能，可以找到太阳能来取代直接的楼宇温度提升，这样就可以

大大降低温度调节对于电能的消耗，实现系统整体上的节能降耗，达到建筑的绿色化要求。

2. 引入清洁能源

使用可再生的、没有碳排放的清洁能源是暖通工程节能降耗的主要方式，也是今后发展的一个主要方向，目前这种清洁能源主要有太阳能、风能等，尚处在研究阶段的还有自然界的闪电能源、核能民用化等。将这些清洁能源进一步引入暖通工程之中，将实现对电能的消耗。以风能的利用为例，现在很多的建筑，尤其是火车站等公共设施建筑在暖通工程中已经引入风能技术，将室外的风能循环到地下，冷却之后吹入室内，进行室内温度的降低。这种清洁能源进一步降低了暖通工程中对于传统电能的使用量。

3. 优化系统控制

现在社会上的一栋楼宇少则十几层，多则几十层，在暖通的系统设计中难免出现能源的过度消耗，需要在设计之后进行一系列的能源优化，降低一些不必要的消耗。例如，设计一些温度、湿度等感应设备，对达到要求的房间停止相应的空气处理；在建筑物的外墙上设计保温材料，实现对暖通系统调节后的室内的有效保温。另外，对于室内空气的调节需要设计出人工控制的环节，对于一些没有人待的区域停止空气的调节等。系统设计需要更加注重细化的把控，从而不断拓展系统优化的领域和空间，降低能源的消耗。

第二节　绿色建筑暖通空调设计

目前在国际上认可度较高的绿色建筑认证体系是LEED认证体系。它被认为是指导绿色建筑设计、施工和运行过程最佳的认证体系。而从LEED的设立目标，可以发现绿色建筑的目的不仅包括绿化率和宜居，还有更深远的含义：缓解建筑对全球气候变化的负面影响；增强个人的健康和福祉；保护并修护水资源；保护并修复生态系统和生物多样性；保护建材资源的可再生和持续性；建设更绿色的经济；保证社会公平、环境公正、社区健康、生活质量高。

一、绿色建筑暖通空调设计需要坚持的原则

（一）坚持暖通空调功能设计标准原则

暖通空调系统对建筑用户的舒适性有重要影响，因此，系统的功能需求和

性能指标必然是设计的最核心部分。不能简单地为了降低能源消耗或减少建设投资经费，就降低暖通空调系统性能指标，必须严格依照国家和行业的相关标准和设计规范进行设计施工，保证完工后的暖通空调系统能够满足建筑楼宇的空调需求，给用户提供健康舒适的建筑环境空间。

（二）性价比最优原则

在绿色生态理念下进行暖通空调施工设计不仅要满足系统使用性能和环保标准，而且要考虑系统施工的成本价格。因为依照市场经济原理，高成本投入本身就意味着在建设过程中需要投入大量人力、物力，因此，追求暖通空调系统的高性价比的设计原则本质上来讲也是一种节约型发展方式，不能片面强调系统内设备的能耗指标而过分增加设备本身的成本支出。设计单位应该依据暖通空调系统全寿命周期的实际工况计算出性价比最优的设计方案，找到建设投资与降低能耗之间的平衡，不但能够有效节约社会资源，而且能兼顾系统的环保指标。

（三）全面性原则

暖通空调系统是建筑中的一个子系统，其设计过程要充分结合建筑的整体结构特点，要注重暖通空调设备安装的位置，减少对建筑其他功能的不利影响。

此外，要充分考虑到设备安装施工完成后运行维护保养的便利性，在一些支路通道区域可设置便于检查维修的检查口、手动阀门等装置，如果局部设备出现问题可以更加快捷高效地进行维修维护，而不影响其他部分的正常使用。这对于暖通空调系统全寿命周期运行的效率有很大的提升作用，而且对设备维护成本能够起到有效的控制作用。

二、暖通空调设计在绿色建筑中的运用理论

绿色建筑有助于健康人居环境建设与生态文明建设，其作用表现于资源节约、能源再利用、环保保护等方面，能够促进建筑设计的可持续发展、绿色发展、高质量发展，形成崇尚绿色生活社会氛围。暖通空调是一种集中冷热源的舒适性空调系统，具有采暖、通风和空气调节功能，对其进行绿色化设计，能够提高建筑能源的利用率，减少暖通空调运行中的能源消耗与环境污染。

具体而言，可从蓄能系统运行方案、暖通空调系统选择、可再生能源运用三方面进行优化设计。在蓄能系统运行方案方面，要尽可能地将太阳能转化为

暖通空调所需的电能，以缓解暖通空调本身的能源消耗；在暖通空调系统选择方面，要结合绿色建筑的体积大小、功能需求等因素，合理选择暖通空调系统，设置闭式冷却塔、水冷螺杆式热泵机组、泵变流量系统等，实现良好的节能效果；在可再生能源运用方面，以自然生态平衡为目的，可将地源热泵系统设置为暖通空调的冷热源，将蒸发器和冷凝器置于地内，进而在不同季节提取不同的所需能量，进行热气制备和冷气制备，在确保室内空间达到舒适的温度的前提下，实现持续能量的合理使用。除此以外，也要加强暖通空调的保温性能，可运用暖通空调风管内层保温、无甲醛环保消音风管等方式加强保温效果，以减少能源多余消耗。

对于绿色建筑暖通空调的设计，要积极选择绿色、高效、智慧建筑解决方案，以先进的行业技术为依托，从软件与硬件两方面出发，助推绿色建筑空间进入新时代，以“标准化 + 技术创新”为引领，可以促使暖通空调与 AI · E+E · OS 系统、云能效大数据分析系统、可变制冷剂流量（VRF）技术、IoT 技术等技术的融合，选择暖通空调智能化系统，在实现暖通空调的智能控制的前提下，持续监控、优化暖通空调系统，实现智能控温、智能启停等，用智能化科技赋能，提升暖通空调的制冷、制热总体能效水平等，降低能耗，提高经济效益；采用高压变频离心式冷水机组、具有节能效果的变容量控制系统、天然绿色的制冷剂、环保过滤器等节能设备与绿色材料，进而对能源消耗的速度进行控制，提升运行效率，减少能源消耗。除此以外，也可从使用水冰蓄冷装置交换、合理地控制太阳辐射量、热回收装置等方面进行绿色设计。由此可见，绿色建筑中，要从暖通空调节能创新出发，对暖通空调的能耗、产出进行绿色设计。

二、绿色建筑暖通空调设计的应用方法

（一）能源节约和资源的充分利用

绿色建筑应满足各个方面所对应的最低能耗标准。在此基础上，近年来行业内提出了额外降低 10% ～ 60% 的节能要求，针对此要求所涵盖的能源——暖通、热水以及照明系统，应从实际情况出发，做到因地制宜，采取多种不同措施，如能源利用的合理优化、可再生资源的选择、能源的高效利用、能源相关储备技术以及能源节约等一系列有效措施。

（二）自然生态环境的良好保持

暖通空调的优劣性很大程度上能够从自然资源利用率方面得以体现。就绿色建筑来说，其建筑物内部的暖通控制系统能否将系统功能充分发挥出来，直接受到其能否在建筑物及其周边的微环境中构建出良好、和谐的生态氛围的影响。要想达成这一目标，应在设计过程中坚持保护建筑物外围的水源、空气和土壤，使建筑物免遭恶劣自然环境的侵袭与危害。对于建筑物来说，林木和水能够为其提供遮阴、防风以及蓄水功能，因而在绿色建筑设计中，植物与水源的引入较为普遍。

（三）绿色建材的充分利用

在现代化建筑工程中，应对绿色暖通控制体系设计过程中的含氢氯氟烃（HCFCs）等产品的使用行为予以严厉禁止，并在制冷过程中控制并降低氯氟烃（CFCs）制冷剂的使用率；对人体易产生不利影响的石棉类保温材料应严禁使用，对于保温材料以及管材的选用应尽可能遵循有利于回收并重复利用的原则。同时应尽量在本区域市场进行采购，避免舍近求远的行为；若选择境外材料，则在材料运输过程中容易对环境造成不同程度的影响，同时增加了不必要的成本支出，业主负担也因此而加重，而选用本地材料，不仅可使上述弊端得以有效改善，还可对本地经济以及建材市场的发展起到一定程度的推动作用。

（四）地源热泵的使用

作为一种节能、高效的空调控制系统。地源热泵能够对地下浅层的地热资源予以充分利用，不仅可以供热，还兼具制冷的功能。地源热泵的地热资源包括土壤、地下水或者地表水等，通过高品位能源的输入，例如，少量的电能等推动其热能由低温位转移向高温位。在寒冷的冬季，可将地能中的热量挥发出来，然后对其温度再做进一步的提升以满足室内采暖供给，反之，夏季则将建筑物之内的热量抽取出来，将其释放到地能中。地源热泵的具体工作原理如下：在冬季，地源热泵利用沉浸在池塘等水体内或埋置在地面下的封闭管道从地层中吸取自然热量，完成收集后将热量通过环路内部的循环水带至室内，然后利用热交换器和电驱动压缩机由室内地源热泵系统将能量集中，保持能量以较高的温度向室内释放，在此种情况下将地能以热源的方式投入利用；夏季则刚好相反，地源热泵系统将建筑物室内的部分热量抽取出来，经循环回路排放到地层中，使建筑物室内得到降温效果，此种情况下地能被称为冷源。与空气源热泵相比，采用地源热泵后建筑物室内温度具有全年波动幅度较小的优点。在冬季，室温高于空气温度；在夏季，室温则低于空气温度。因而相对于空气源热泵来说，地源热泵具有更高的工作系数，在一定程度上实现了节能目的。与此同时，空气源热泵需要及时除霜，而地源热泵则无须如此，从而使结霜现象以及除霜作业所导致的热量损失得到降低。

（五）完善变频空调的设计

在使用变频系统之前，设计人员需要掌握建筑内部对暖通空调功能提出的要求，并对建筑内部结构进行调研，分析变频调速应用于暖通空调后的运行情况，考虑到用户对空调的使用需求，对系统进行优化调试，完成相关参数的调整，为建筑用户提供更加优质的服务。使用变频调速设计的方式可以有效地控制建筑能源的消耗量，达到良好的节能效果。在一般建筑的使用过程中，暖通空调会因为电机、风机与水泵等设备造成极大的能源消耗。根据粗略的统计，暖通空调中有接近 20% 的能量应用在电机、风机与水泵等设备上，使用变频调速的方式可以提升系统使用效率，将设备运行的频率控制在稳定的区间中，在满足空调使用需求的同时，还可以得到良好的节能降耗的工作效果。

（六）多元化冷热源节能技术

暖通空调系统的核心功能在于对建筑实现供热和供暖，因此，合理选择冷热源是降低系统能源消耗最好的方法。在设计暖通空调时，要结合当地的气候特点、能源禀赋以及电网负载能力等客观因素，充分地利用多元化的清洁可再生能源作为暖通系统的冷热源，比如风能、太阳能、地热、潮流能等具有很好的环保特性的新能源。充分利用这些能源为楼宇空调系统进行供能，不但能够满足环保要求，而且会带来很好的经济效益。除此之外，还可以合理采用冰蓄冷和热泵相结合的技术手段来实现节能需求。冰蓄冷空调的底层逻辑是利用冷水制成冰的过程中的放热效果，相变能量释放量要远大于水降温放热量，因而蓄冷效率更高，也具有更强的经济性。蓄冷空调可以充分利用电网夜间多余电能，实现电网填谷功能，不但能有效利用多余的电能，而且可缓解电网供需不平衡的问题。

除此之外，能有效提高暖通空调系统节能与环保性能的一项新型技术是热泵技术，即利用压缩机、蒸发器和冷凝器实现能量的转换。由于建筑空调系统的供热需求一般在 30℃以下，对热源温度要求并不高，一般热源达到 50℃左右就可以满足建筑的供暖需求。此温度正是热泵工作效率较高的理想区域，能够最大限度地发挥热泵的供热能力，而且热泵设备具有很高的稳定性和环境适应性，环境温度变化对其产生的影响较小，是一种可以广泛应用于建筑供热的很有发展潜力的新兴设备。

第三节　大数据条件下智慧城市的暖通空调设计

一、大数据技术在暖通空调运维系统中的应用

（一）大数据技术

采用大数据技术，主要是对大量数据所得出的数据进行分析以及统计，以此合理有效地判断出系统在之后的运行过程当中所可能会发生的故障问题。而基于大数据技术预诊系统的故障问题，主要是通过纵向数据分析方法以及横向数据分析方法发现。纵向数据分析方法是将庞大的历史数据资料重新进行筛选以及归纳，从而合理地得出问题故障发生之前的一些检测数据上的表现状况，接着在当前已经监测过的数据与此表现状况进行相互之间的对比，从而预先地判断出后期会发生的可能的问题故障。而横向数据分析方法，主要就是利用当前所监测到的数据进行横向上的对比，并主要利用监测所得到的一些较为突出的异常数据，从而判断出后期可能要发生的问题故障。纵向数据分析方法对于历史数据的需求量较大，否则，对数据的分析结果很难做到有效的统计，而横向数据分析方法要求具有很多台相同的设备来同时运行。此外，由于软故障本身就是逐渐发展起来的，自身并没有一个准确的发生现象的界定，而在与之相关的检测数据上也是一个逐渐变化的范围，并表现为一个具体值。

（二）大数据预诊软故障的基本模型

冷冻站对各设备和管路的监测数据非常多，如果同时对所有监测数据进行正常的判断，不仅对诊断系统的计算机能力要求很高，更重要的是还需要大量的已发生故障的历史数据，因此，可利用巡检法，通过同时与同类设备监测数据进行横向比较，实现预诊软故障的目的。为通过快速巡检，及时检测到初发期的软故障，首先需要对多种监测数据进行优先级划分，进而根据相关理论建立诊断逻辑关系，最终建立系统的故障预诊。

（三）大数据技术在暖通空调运维系统中的应用

1. 软故障特征以及预诊方式上的确定

近年来，很多相关的研究人员都对现有的故障诊断的方式重新进行了划分，主要划分为定性分析与定量分析这两种有效的故障诊断方式。定量分析方法，是基于大量的数据来进行建立的，并根据分析对象的各个项上的参数来进行定量分析的方法，针对具有大量的数据资料的故障问题，主要用于硬故障当中。而软故障本身就很难具有固定性，并且也很难建立起精确的故障预诊模型，所以不适合使用定量分析方法。定性分析方法是依照着某个领域上的相关专家或是学者的大量经验，并合理有效地利用好能够具体分析的实施工具，再根据分析对象过去的状态对比于现在的状态，来提供出全新的状态资料，能够最大限度判断出该监测对象在各种数值上的变化趋势的一种有效的定性监测方法。此种方法本身就具有与软故障预测相匹配的特点，所以常被使用于各种软故障预诊当中。

2. 故障预诊模型的验证

在利用大数据技术对被检测的数据建立巡检的故障预测模型时，其主要的思路完全可以使用于具有多套设备运行的系统。但是，不同的系统所存在的特征以及原理上的差异化，导致所需要监测的数据的优先级也需要重新划分，并且在具体运行过程当中根据不同的巡检法预诊软故障，根据其主要的特性来确定。下文主要是以冷冻水系统为主要的讨论案例，进行软故障的预诊分析。首先一定要先对各个运行参数进行重新的分级，此外由于不同设备在运行的过程当中，电流对于故障的反应程度也是具有差异化的，所以，将整个机组的运行电流定义在了 A 优先级，而冷冻水的温度则被定义在了 B 优先级上，那么冷冻水流量的过程就被定义在 C 优先级上。然后，确定好各个参数数值是处于合理的范围之内的，冷水机组在运行过程当中，电流的百分比应当被规定为 98% 左右，而对于冷冻水的温度上应当定制在 5 ～ 13℃上，流量则被定制在 790 m/h 上下。而根据此数据显示出来的异常现象是冷水机组在整个运行过程当中的，电流的百分比偏小化，这样就可以根据逻辑关系或者一些相关的监测来诊断出可能是因为水泵出现故障，或是闸门在开启时的力度过小。而经过相关的实际故障检验以后，发现是因为阀门在打开的过程当中，存在着某些问题。

HVAC领域系统故障，主要是分为硬、软两种故障，而硬故障通常指的就是系统的硬件的方面发生了故障问题，而软故障，通常指的就是系统部件的性能上逐渐发生失效甚至于衰退的故障问题。只有真正加强大数据技术在预诊暖通空调系统软故障当中的重视度，才能有效地提升我国对于暖通空调系统软故障的诊断效率。

（四）大数据在暖通空调设计实际应用中应注意的问题

1. 数据信息安全问题

计算机时代与人工智能时代中，经常被使用的是大数据，因为大数据需要强大的网络技术等科技作为基础。但是伴随着网络技术的进步，其弊端也逐渐显露出来，即网络中的病毒有可能会入侵信息库中，所以，数据的安全性特别重要，如果数据泄露，很可能会对暖通空调的正常运行造成影响。

2. 数据隐私保护问题

大数据技术为我们的工作生活提供诸多便利，大大提升了暖通空调系统运作的效率，在一定意义上为我们节省了不少的资源。然而，这样也是将智能暖通系统置于整个网络数据库中，所以数据的隐秘性显得尤为重要，这也是所有智能系统的一个共同挑战的目标。

3. 信息孤岛问题

大数据的应用底层逻辑是对大量的数据进行采集、储存、分析和应用，如果没有采集到足够的数据，那么之后的步骤都是空谈，而大数据也终将变成纸上谈兵。所以大数据的精准度需要实现数据共享。

二、大数据时代下智能暖通空调故障诊断技术

（一）暖通空调故障分析

1. 容易出现的问题

暖通空调系统内部结构的复杂性和多变性，使得系统的每一个部位都可能出现问题。可能是电动机的损坏产生电气故障；也可能是机械上的故障，空调内部零件出现损坏；还有的故障可能没有发生在空调内部，而是出现在管道的线路上。虽然暖通空调系统故障并不会对业主的人身安全或者财产安全产生威胁，但是会影响建筑内的环境循环力度，破坏舒适度，还会增加空调设备

的耗能，浪费能源。有相关数据调查显示，暖通空调系统的故障会带来 30% 的多余功耗。

2. 故障原因分析

（1）系统的复杂性

暖通空调的功能多样，内部结构复杂，故需要设置多个运行系统来统一完成空调的运行，各个功能参数之间要互相协调配合。这更增加了空调的复杂性，也就决定了故障出现的概率更大。空调内部由多条线路和管道交叉连接，相互之间有密切的联系，因此，一个部位出现了问题，会影响整体的正常工作。暖通空调内部关联性强，所以在发生故障后也很难判断出具体是哪里出现了问题，维修的难度较大。

（2）数据观测难

在对暖通空调进行调试检测时，所得到的数据信息复杂又难分辨，不能直接、清晰地用图表显示，给检测人员带来很大的工作难度。而且数据分布密集，可观性差，这让工作人员在查看的时候很可能会出现疏忽差错，忽视一些微小数据的变化。但是有时候往往就是这些小数据才导致了故障的产生，如果不能及时发现，可能会耽误维修工作的进程与系统的正常运行。

（二）暖通空调运行故障的检测方法

1. 基于规则的故障诊断

这种诊断系统现在被广泛地应用在医学、地质学、电子化工等行业中。这种方法是从人工智能系统发展来的，是运用已知的数据进行设定，建立一种特征和故障的联系程序，按照如果……就……的规则来判断，从而解决既定的问题。

2. 基于模型的故障诊断

这种诊断系统是利用了数字逻辑的电路结合输入输出的数据表示故障。由于暖通空调系统大部分是非线性的部件，计算难度大，因此不容易建立模型。

3. 基于模糊推理的故障诊断

这种诊断系统是根据已有的经验，对发生的问题先有一个初步模糊的判断，在模糊数据组成的矩阵中输入一个估计的数据，合成后再诊断故障，从而输出一个较为直观的判断。

4. 基于案例的故障诊断

这种诊断系统是对发生的问题进行总结，在数据库中检索，找到之前相似的案例，参考其解决方法，但这种诊断系统存在较大的局限性，因为故障发生的方式千变万化，而且需要较大的数据库支持。

5. 基于故障树的故障诊断

这种方法是从终极故障开始，对系统倒查。这种方法检验全面，但系统的复杂和庞大，使得故障树的建立颇为麻烦。

6. 基于遗传算法的故障诊断

这种方法的主要思路是将表现最优的一组初始值的染色体杂交、繁殖，从后代中选出最优个体，利用推理模糊区间的方法，淘汰不符合的个体，一旦达到预定的代数即返回最优基因。

7. 基于神经网络的故障诊断

这种方法是组建一个包含大量相互关联的神经元的神经网络，输入数据在其中来回传递，通过大量的数据传递，优化网络权值，并根据初始样本进行校正。这种方法不需建模，可利用天然优势。

8. 基于小波分析的故障诊断

这是一种对突变的、不稳定变化的信号非常有效的分析方法。对运行中的设备发出的突变信号做出小波分析，即可判断故障发生的位置和性质。

（三）暖通空调的日常维护

1. 制冷剂组开机前

在制冷机组开机之前一定要特别注意，否则非常容易导致设备的损坏，需要注意的几点是：第一，对冷却水和开关进行检查，看其是否正确；第二，对主机制冷剂系统以及油系统进行检查，检查开关是否正确，液位正不正常；第三，在进行检查时一定要记录冷却水的时差和温度。

2. 主机运转

在主机运行之前一定要注意对制冷系统进行偶尔的查看，防止制冷机出现泄露的一些情况，而且要做好记录工作，比如主机的油温和压强都要准确记录。在出现数据异常变化时，及时联系工作人员。

3. 空调系统的运行管理

空调系统的运行维护主要注意三方面的管理：一是对系统的检查和冲洗，每年都要定期对空调系统进行整体的查看和及时清洗；二是对空调系统的除污器按时清洁，以免堵塞空调；三是要对风机的滴水盘进行清洗，避免产生异味。

4. 空调系统的温度调节

第一，在冬季时，水的温度必须要控制在 65℃以下；第二，增设自动调温的装置；第三，对温度的变化进行观察，同时做好记录。

第五章　绿色建筑的智能设计

智能时代的到来、虚拟技术的更新及它与智能建筑材料之间的进一步结合，丰富了人们的日常生活。传统的建设项目已经不能够满足人们日益增长的相关需求，以人性化、现代化、便利化、智能化为主要特征的智能建筑已经成为建筑设计的主流及趋势，打造智能化、绿色的建筑空间是未来建筑智能设计的首要目标。本章分为建筑性能智能设计趋势、绿色建筑的智能化技术、智能设计与可再生能源建筑实例三部分，主要内容包括住宅智能化系统、安全防范系统、管理与监控子系统、通信网络子系统等方面。

第一节　建筑性能智能设计趋势

未来的建筑的智能化设计，其基础应以用户的利益为出发点，营造文明、安全、健康的工作及使用环境，从而提升用户的工作效率，保证使用质量。从保护生态角度讲，未来建筑空间的建筑表现设计，应该做的是将空气、阳光和绿色引入建筑空间，这是保证可持续发展的过程，将为人们享受大自然的馈赠创造一切硬件条件，并通过设计师的创新，提升居住舒适度和绿色环境。其含义是：健康、效益、节能、低耗、低污染，用自然减少污染保护自然回归自然，强调“人与自然环境的和谐共生”。随着对建筑空间的要求越来越高，建筑性能的设计变得越来越重要。例如，建筑节能设计就是建筑性能优化的表现。未来我国建筑节能的任务是通过多种高效方法，减少建筑能耗，兼顾质量、作用、环境三者。通过计划性的改造，提升舒适度、减少能源使用，同时不影响环境。它同时作为公共建筑设计和运营中的重要指标。大型公共建筑以能够承办大型综合性展览和大规模商贸活动为其基本功能，兼顾会议、办公、物流仓储、餐饮娱乐，以及与展览会议有关的展示、演示、表演、宴会等功能。为达到建筑节能的目的，其能源的利用和选择的重要性是不言而喻的。与以往任何时期相比，建筑性能的智能设计的重要性越来越突出。建筑性能设计是建筑空间设计的重要基础，是能给建筑带来绿色、可持续发展的点睛之笔。

在智能化时代，智能建筑的出现已经成为一个重要的标志。通俗地讲，智能建筑工程是三个系统的兼容，分别为通信、办公自动化、建筑设备，兼顾空间性和系统性。在信息化过程中，逐渐实现通过对精准数字参数的调整来控制建筑中的生态化程度。在计划实施阶段用科技进行准确测量，尽量减少不可再生能源的消耗和相对机械能的消耗，真正实现绿色高科技建筑。积极运用高科技手段，优化建筑物性能的配置，合理布置和组织建筑与其他环境的联系。相关的环境因素，使建筑与外部环境统一为一个有机互动的整体。

现代建筑应充分考虑当代人对于便捷性的需求，在设计中做到舒适、保质、保量，增强更好的体验感，突出智能化的优势。智能化设计软件的依据是相关方多年的研究。首先建立数学模型，然后根据这些数学模型编写软件的计算部分，然后利用计算机的图形显示功能，或者利用计算机虚拟现实技术，在屏幕上显示结果。显然，对于需要满足特定建筑性能要求（如建筑能效）的建筑设计来说，这是非常有用和必要的手段。为满足人们对舒适度提升的迫切要求，建筑空间建筑性能智能化设计逐渐兴起并趋于专业化。

第二节　绿色建筑的智能化技术

一、住宅智能化系统

随着21世纪的到来，现代高科技和信息技术（1T）正通过智能建筑深入高档住宅和千家万户。尤其发展到近几年，普通民众对智能化的接受及使用程度也在逐渐提高。在物质生活满足的前提下，人们对住宅的要求也越来越高，开始追求更便捷的生活方式，这为智能化的发展奠定了基础。

在智能化系统的参与下，可以通过优质的服务以及高效的管理，帮助大家创造舒适、方便的活动空间，同时最大限度地减少建筑带来的污染，进而发挥节约资源、保护环境的作用。

二、安全防范系统

安防系统使用技术产品和其他相关产品组成报警系统、视频安防监控、门禁系统、系统安检系统等，以维护社会公共安全为目的。安全防御技术是引导，人体防御是基础，技术防御和物理防御是手段。应建立检测、延迟、响应相结合的安全防御服务体系，以预防犯罪为目的的公安业务和社会公共事业。

（一）安全管理系统

它是指将关于安全技术保护的电子信息进行组合或者集成，从而有效地实现联动、监控和管理的电子系统网络。

（二）入侵报警系统

伴随飞速发展的经济，人们已经不局限于对基本生活的满足，而是越来越关注生命及财产安全，并开辟了很多新的方法，入侵报警系统就是其中之一。该系统通过红外线、电磁感应、报警器等方式进行感知，当有人入侵时，相应的感知装置就会发出警报，提醒主人做好应对准备。

（三）访客可视对讲装置

该装置是在高层设置一个电磁开关，帮助访客和房间内的人实现视频通话和居民远程控制入口门。即可以通过对话或者可视的方式，实现室内外人员的通话，业主可以使用分机外的门锁控制按钮打开电控门锁，让访客进入，此外，还可以通过警报告知安全管理部门。

（四）周界防越报警装置

在社区周边设置跨境检测设备，一旦有人入侵时，社区物业服务中心可以立即发现并处理非法进入，还可以实时显示报警位置和时间，保存在电脑中，便于处理或破案。

（五）电子巡查系统

随着城市发展，目前小区面积越来越大，要保证 24 小时不间断巡查，单靠保安是远远不够的，此时安装该系统就显得尤为重要。这个系统可以有三种，分别是无线、离线及在线，其中通过在线、无线电子巡查系统可以在监控室看到巡查人员的巡视路线和到达时间；无线型可以简化布线，适用于较大的场所；离线电子巡查系统更适合人员手持巡，方便在各巡查点采集信息，再返回物业服务中心将信息传输至电脑，实现巡查状态（时间、地点、人员、事件等）的考核，有效防止人员对巡视工作不负责任，有利于有效、公平、合理的监督管理体制的建立。

三、管理与监控子系统

（一）自动抄表装置

自动抄表装置是指在住宅内安装具有输出信号功能链接到相关职能部门及小区的物业的电、气、水、热等装置。计量依据来自相对应的计量部门，并需要对采集到的数据进行定期校准、确认，以确保数据来源的准确性。相关数据产生后，小区居民可以通过小区内的宽带、互联网等方式查询。

（二）车辆出入管理装置

通过 IC 卡或其他形式对小区内的车辆统一管理，做到所有进出车辆情况都有记录可查。该装置是通过地感线圈发出信号来确认是否为车库车辆，确认是车库车辆后，通道闸门自动升起放行或读卡确认后放行，反之则拒绝通行。

（三）紧急广播装置

在各类公共场所安装消防及音乐广播设备，该装置在没有危险发生时，可为居民播放时事新闻、趣味故事、生活常识等；当危险发生时，该装置即可作为消防广播使用，指导居民如何逃生及自救。

（四）物业服务计算机系统

传统的服务往往是通过个人或群体动作来实现的，这类服务效率低、难度大、易出错，此外还会受到时间、地域、人员变更等诸多因素的影响。为了提供更加稳定、系统的服务，互联网发挥了越来越明显的作用。此系统在单机、联网及局域情况均可使用，并且根据产生信息的领域、时间、内容、来源，可以细化为更多的种类，从而实现更加优质的服务。物业和业主均可以通过这样一个统一的系统满足各自的需求。该系统对一应琐事详细记录，可做到有据可查、查询快捷，主要具备以下几个特点：

1. 信息量大

与物业相关的物业管理信息涉及人与人、人与物、物与物在产生、交易、维护、处置过程中的各种记录和文件。合同、技术说明、图纸等文件因物业类型、业主和经理不同而不同。因此，物业信息数据量大，管理任务繁重。

2. 动态管理

在自然、社会和人为因素的作用下，财产的物理形态和用途在不断变化和发展。例如，属性数量的变化，损坏情况的变化，结构和用途路线变更，房产价值涨跌，业主更替，使用者死亡、搬迁、分户、转让等都经常发生。因此，属性文件管理是一种动态管理。

3. 基础性

现代管理需要借助计算机系统的信息处理方法。信息是无形资源，也是管理要素之一。财产档案管理是信息处理的基础工作，多表现为手工预处理。只有预处理工作完成，计算机化的信息才有加工工作的基础。物业档案信息是整个物业管理活动的原始记录，应当将管理人员的可靠性、管理意识、文化素质、专业水平、工作作风等体现在管理文件信息上。因此，它是物业管理公司的一项基础工作，也可以用来判断管理水平的高低。

4. 信息涉及的职能部门较多

物业为了更好地服务住户，保障服务、提升管理，避免不了要不断地和不同的部门沟通，例如居委会、城管、消防、税务、电力、热力、环保等。

5. 文件和报告多

在正常运转过程中，大部分沟通需要有详细的记录，所以在交流过程中，就会产生很多的档案材料，例如采购资料、费用花费、消防检查、设施维修、管理制度、信息宣传等。

四、通信网络子系统

该系统主要由三部分组成，一是电话及有限电视网络，二是小区控制网络，三是宽带接入网络。最近几年，新建住宅小区大多在每户人家都安装了综合用户配电箱，可以实现室内外线路的链接，更加安全，便于管理，对于突发问题能够更快地查明原因，提升住户体验感。

五、智能型产品与技术

随着智能化程度的加深，人们对智能型产品的依赖感也在加强。随之而来不断涌现出的新型产品，既为生活提供了便利，也满足了人们对于新事物的追求，例如以智能技术为支撑的自动照明控制、隐藏式外窗遮阳百叶窗、空调新风量和热交换控制技术等。

六、利用智能技术实现节能、节水、节材

（一）传感器

节能、节水、节材的智能技术离不开传感器。传感器在运行和管理中起着非常重要的作用。传感器就像人体的感觉器官，一般包括敏感和转换两种元件。当信号触碰到元件，它就会将感觉到的信号向外传输，并通过不同的方式表现出来，人们通过传输后呈现的内容，就能很清晰地了解到真实的情况。例如现在很多走廊都安装了声控灯，当有人在夜间行走时，可以自动打开灯，这是由于在灯中安装了声音传感器；气体泄漏报警装置依靠气体检测传感器发出信号来工作；冰箱和空调的温度控制则依赖于温度传感器。

（二）变频技术

研究表明，此项技术可以在很大程度上节约能源，还可以提高转换率。正因如此，很多国家现在已经提出明确要求，规定用变频技术取代传统技术。

此项技术把变频器作为核心的零部件，这是一种控制电能的装置，通过AC-DC-AC原理，借助通断间的半导体器件，实现电压间的相互转化，从而进行工作。其工作原理是首先将50 Hz的交流电通过整流器转换为直流电，然后将直流电转换为频率和电压可控的交流电，最后供给电机。我们日常生活中使用的空调就是利用的这一原理，在炎热的夏季，室内温度会不断升高，当高于最初设置的数值，增加后的频率就会通过变频器输出，使电机转速增加导致室内温度降低；当室内温度低于设定值时，调整变频器输出，降低变频器输出频率，降低电机转速，使室内温度始终在设定值附近波动。这样风机和水泵的输出功率$P=kN^3$（N为转速），即风机和水泵的输出功率与转速的三次方成正比。如果空调压缩机的转速是由供电电网的50 Hz频率决定的，那么在这种条件下工作的空调就称为定频空调。使用定频空调调节室内温度，只能靠其恒定的“开和关”压缩机来实现，很容易造成室温在开和关之间忽冷忽热，而且耗电较多，而变频空调这种工作方式，室温波动小，提高舒适度，省电。一般来说，变频空调比同规格的定频空调节能35%。

随着自动化程度的提高和人们环保意识的加强，变频器的应用将会更加广泛。

七、智能化居住小区的关键技术

（一）研发基于互联网的家庭智能化系统

智能家居的作用主要包括：提供便捷的通话、更多的电视节目、提升上网速度；为住户准备各类保证安全的措施，例如可视对讲监控、门禁、门窗状态监控报警、断线感应报警、红外监控火灾、燃气报警等，这些报警信号在室外连接物业服务中心，并将数据发送到指定的手机；轻松控制住宅内各类电器，及时关闭，在节能的同时满足舒适性要求。

基于互联网的智能家居系统，可以帮助人们完成像在线就医、试穿、购物、观影等很多事情，甚至只需要一部手机就可以遥控家里的温度及灯光。重要的是，万一家里出现火灾、煤气泄漏、外人入侵等突发情况，预先设定的手机就会收到通知，让人们可以实时了解家中的情况，及时做出应对。我国大部分城镇都建设了密集的居住区，这是由我国国情所决定的。家庭智能系统和社区智能系统是有很大区别的，社区智能系统是一个较大的范围，而家庭智能系统的组成部分可以单独存在，业主可以把自身和家人实际的需求作为选择的依据，先选定当下需要的产品，日后再进行调整或升级。家庭智能系统具有很强的可调节性，这也为未来迅速打开市场创造了条件。

美国、欧洲的一些经济发达国家提出的“智能家居”，其实和我们的“智能生活”的概念很相似。其本质是将各种与信息技术相关的通信设备、家用电器、家庭安全设备等在家中使用。

（二）提高产品间互换性

目前小区智能化系统中的很多产品是不可替代的，如小区可视对讲系统，如果客户端坏了，只能更换同型号的产品，没有人能保证这些产品的制造商不会改变。解决产品互换性问题，需要制定一系列行业标准和法规，这需要时间，也需要社会各界的大力支持和共同努力。

（三）改进自动抄表装置的原理

该装置目前已经部分搭建并运行，但情况不乐观。一方面装置本身的工作原理是通过表中自身的机械运动进行转化，再利用转化出来的电脉冲得出测量值，这就意味着装置本身就存在严重缺陷，虽然也尝试利用抗干扰预防错误数据的出现，但效果并不理想；另一方面，要想实现自动抄表，就需要水电、煤气等相关职能部门的授权和配合，但运行过程中发现各层级之间很难达到配合顺畅。综上，改进更加完备的自动抄表装置是当务之急。

（四）简化与规范布线

当前，为建立智能系统，在家中铺设数十根电线的现象很普遍。电线太多，施工难度大，后期维护烦琐。所以，统一布线机构化系统、简化及规范布线刻不容缓。在这一方面，美国 1998 年已经颁布了相应的标准，适用于视频通话、智能化运用等很多领域，这奠定了简化及规范智能系统布线的基础。

八、未来的“智能住宅”

（一）智慧型住宅

在人们的传统理念中，房子是固定的居住地，不会有任何的主动行为。然而，随着科技水平的提高，在未来，房子已经不再仅仅是用来居住，而是可以实现智能化。它可以把住户当作主人，当主人走进时会感知到，这样便能够为主人提供更丰富的服务。以空调为例，现在使用的空调对温度的调节是通过使用者主动去控制来实现的，而将来的空调对温度的调节可以通过空调本身对人体温度的感知来实现，既能及时帮助使用者调节温度增强舒适度，又能在人离开房间的时候及时断电，起到省电的作用。

除此之外，将来智能化可以遍布我们住宅的各个角落。炎热的夏天，当我们还在回家路上的时候，就可以远程开启空调并设置好温度；当走到家门口，智能防盗门会自动识别身份，自动开门；到家后，只需要一个指令，屋内的灯、电视都会自动开启，就连洗澡水都可以自动为我们准备好……打扫卫生、洗衣做饭这些原本只能通过人手去完成的事情，未来都可以用人工智能实现，真正地解放了双手，让家更加温馨。

当下发展较有成效的就是数字化医院的建设和使用，能够结合世界各地最先进的医疗技术，同时融合保险、保健等配套需求，并集成到一个系统中，实现远程会诊，促进全球医疗一体化，因此，如果有人生病了，他们可以通过智能家居连接到数字医院系统，医生可以远程诊断和开处方。这不再是不切实际的幻想。

现在，人们所做的各类社交活动，例如工作、旅游、消费、聚餐、就医等，本身互相之间没有任何联系。假如在从事这些活动的时候，把信息技术和网络技术加以应用，在彼此之间建立起必然的联系，那么通过电脑程序能够让这些活动得到合理的安排，从而帮助我们合理地规划时间，让生活更智能、更舒适。

（二）绿色生态住宅

在崇尚自然生态的同时，将智能产品与自然生态环境相结合，往往会给人们带来更舒适的生活。

智能系统可自动调节太阳能电池板角度，自动清洁太阳能电池板上的灰尘，自动加水、加热等。安装家庭中央水处理系统，可使生活用水根据不同用途回收利用，满足人们用水需求。智能通风系统排出室内脏空气，同时引入室外新鲜空气，可以保证每个房间的通风量按一定比例分配，使室内始终处于与自然互动的状态。智能系统可监测环境中空气、水、土壤的温度 / 湿度，自动及时给花园和室内花草浇水和养护，在美化环境的同时节约用水。餐厨垃圾处理器将有机餐厨垃圾在短时间内研磨成细小的浆状颗粒，随水流排出下水道，不堵塞管道，实现方便、快捷、洁净的厨房环境。还可以使用智能系统监控暖通空调、照明和其他设备的运行。智能科技产品的应用，将使建筑更加节能、节水、对自然生态环境更加友好。

（三）更适宜居家办公

未来的智能家居将变得更加舒适、环保、安全、高效、便捷。由于数字技术的不断发展，一些行业的员工可以在家安排工作，依托网络作为人机交流的工具。数字技术的应用，不仅使人们能够在家中搭建家庭影院，还能利用世界上的信息资源开展各种研究工作，利用家里的电脑虚拟空间召开公司各种会议。因此，很多企业对摩天大楼不再感兴趣，对绿色建筑更加热衷。这将对减轻城市交通压力、改善环境起到积极作用。

1. 默特尔智能公寓

默特尔利用高科技，降低残疾人对护理人员的依赖程度，为他们创建了一个方便的生活环境，称为默特尔智能公寓。

根据残疾人的具体情况，可以通过手、脚、手臂、语言、眨眼、吸气或呼气等方式控制门和室内设备，多达 232 种可控功能。一系列动作可根据预设程序自动完成，实现智能生活。例如，当用残疾人可以操作的动作打开门时，当主人进入房屋时，门会自动关闭。同时，房间里的灯也会亮起来。对于聋人，如果门铃或电话响起，房间内会有灯光闪烁以通知他们。

楼上有专门的自动扶梯和垂直电梯，可以运送轮椅。厨房有感应式电子灶，可遥控或触摸控制。百叶窗也可以使用旋转开关来控制。对于站立或坐在轮椅上的人，控制台可以通过遥控器升高和降低轮椅高度。

另一个例子是在浴室里，其特点是提供残疾人可以旋转移动洗澡的落地花洒和为不能使用浴巾的残疾人提供烘干机。浴室里有两个手臂触摸开关，一个控制冲水，另一个控制洗衣机和烘干机。

2. 比尔·盖茨的智能化住宅

微软总裁比尔·盖茨2020年位列《2020胡润全球富豪榜》第3位。据报道，自1990年以来，盖茨耗时大概七年建造了一套价值六千万美元的豪宅，豪宅邻近雷蒙市的微软公司总部。住宅内铺设了长80 km的多媒体通信电缆（大部分是光纤），把设备与计算机服务器连接起来；使用微软操作系统，控制屋内各种高科技设施。

第三节　智能设计与可再生能源建筑实例

近年来，国家大力推进将可再生资源充分运用到智能化建筑项目。在国家住房和城乡建设部、财政部的大力支持下，一些示范工程也逐步开始进行。具有代表性的是华中科技大学推进的项目，该项目主要适用于教学楼，致力于研究如何通过可再生资源进行温度的调节，实现对教学楼温度的保证。

一、可再生能源建筑围护结构

围护结构内层采用轻质内墙板，由内外两层防火板、聚苯乙烯颗粒和黏合剂、水泥、粉煤灰等组成，厚度为100 mm；导热系数为0.078 W/（m·K）。围护结构外层主要材料为30 mm聚氨酯，内外层用防火材料和外墙材料包裹，在内层和内层之间形成60 mm的空气层。

由光伏板组成的动态空气屋顶也采用了主动动态空气墙的建造原理。内侧通向空气墙，外侧材料为太阳能光伏玻璃，空心墙和屋顶风机共用一个出风口。这样的设计，既有利于对墙体温度的调节，起到更好的保温效果，又有利于加速太阳能电池的冷却，使发电率更高。

动态的空心墙内外都有保温的作用，能够很好地适应外界气温的变化，应用范围广，操作方便。此外，墙的外层材质是聚氨酯块，施工安装费用低。建筑框架结构特点的施工还可以减轻建筑的总重量，配套设备的成本更低，整个建筑生命周期的使用成本也更低。此外，它还具有广泛的适应性。防火板夹住易燃有机物具有良好的防火性能。作为光伏屋顶，光伏板取代了瓦片，降低了建筑物的建造成本。薄膜电池对亮度要求低，发电时间长，总发电量高，能满足屋顶防水要求，适合这个纬度地区的特定日照条件。此外，它的屋顶施工也更加方便。

在既有建筑改造和新建建筑设计施工中，现场防护结构中间窗的改造是建筑节能的重点。开窗通风不仅是符合人们生活习惯的做法，也是中国亚热带地区建筑的要求。气候适宜时，尤其是春秋两季，应可以开窗通风，呼吸大自然的空气。窗户的可开启性是营造与自然和谐相处的室内环境的必要条件。但当气候不适宜时，开窗通风就会成为调节室内环境的薄弱环节。经过详细的计算机计算和模拟，在实测数据的支持下，合理利用夏季遮阳和冬季反射进入室内的太阳辐射，对于夏热冬冷地区的窗户改造具有重要意义。可在朝南窗增加遮阳配件，夏季完全遮阳，冬季阳光直射室内，在不影响玻璃视觉效果的情况下提高室内温度和照度，利用太阳能辐射满足双重要求，将夏热冬冷转夏凉冬暖。窗户的改造方法是：朝南窗的内侧（主体）为普通中空玻璃窗，窗的外侧为两层，即上、下的遮阳层；东、西、北的窗户内侧也是普通的中空玻璃窗，外侧是遮阳。遮阳天窗和遮阳侧窗的所有配件只需要满足一个参数，即它的阳光反射参数。然后，调整遮光配件的角度，在夏天或需要遮光的时候对准太阳，将太阳辐射反射回天空；而在冬季，将遮阳配件调整为垂直于窗户，并利用其反射特性减少太阳辐射的热量，将太阳发出的光线反射到室内，用于调节室内温度和自然光。这符合中国人开窗的生活习惯，也符合建筑节能的要求。

气候适应窗对内窗没有特殊要求，只需保证一定的气密性（冬季使用），采用普通中空玻璃即可。这样，在不影响窗户采光的情况下，可以大大降低玻璃窗的价格。由于遮光配件的反射是针对太阳的，春夏秋季的光线都反射回了天空，不会对附近的建筑物造成光污染。因此，也特别适用于既有建筑的改造，只需要在旧墙壁和旧窗户上安装遮阳（反光）配件，价格低廉，制作简单，施工容易。

二、室内舒适度调节系统

建筑要符合中国人的生活习惯，符合建筑节能的要求，特别强调“不分时间，不分空调”的应用。这就要求围护结构既能够满足室内舒适度的调节，还要满足建筑节能的要求，贴近自然。在不舒适的气候条件下调节室内舒适度，同时充分利用自然条件和可再生能源，实现建筑节能、和谐、自然的室内环境要求，这是本项目的目标。

地下勘查资料显示，建筑物周边无地下水，石灰岩岩层位于地下 15 ～ 70 m。这是一个具有代表性的地质条件（没有地下水进行冷热交换）。因此，采用“垂直管道 + 地下冷热源缓冲（地表浅池）+ 热回收通风技术 + 地板送风系统 + 智能控制系统”的一体化方案，相得益彰，可避免各自的弊端。该项目是解决室内舒适度调节的另一个策略。

该地区常年为 18℃～ 20℃，该系统可以应用于大部分建筑，冷热源本身基本可以满足要求（尤其是冬季采暖）。提取地下冷热源后，结合回收技术，实现送风，形成不使用热泵（压缩机）、去除大部分电能的建筑空间舒适度调节技术，消耗部分舒适度调整。该技术可应用于全年室内环境要求不是很高的建筑。这一策略不仅被城市所采用，而且可以在城乡未来舒适度调整方面发挥关键作用。将该策略应用于该地区城市、农村和城镇的一些建筑，可以解除未来化石燃料调整建筑舒适度能耗高的后顾之忧。

此系统工作原理是系统内循环，再借助垂直的地下管道，将地下的冷（热）源收集起来，并将冷（热）源储存在储罐中。冷（热）源由新风系统吹出的新风带入室内。然后新风系统将室内废气送入主动动态风墙，调整围护结构的气候适应性，提高保温隔热性能，实现可再生能源的梯级利用。地板送风系统由地下静压箱缓冲，其能耗是传统空调系统能耗的 66%，还能改善工作区域的空气质量。新风机是一种过滤器，它的内部设置有一种特别的材料，可去除一定程度的水分，还可以进行相互热交换。新风机的新风入口可以在室外，也可以在房间的二楼上层，新风出口在室内地板冷风机的下方，空气出口的新鲜空气将温度带入房间。新风机排污口将室内地板顶部的空气抽出，与新风入口的空气进行热交换，然后送入动态风墙内的空气夹层，增强室内地面的气候适应性。

三、太阳能与建筑一体化

动态的空气墙和屋顶都是经过精心设计的，均采用无动力屋顶风机。它可通过弱风旋转，在机内形成负压，引导动态风墙和屋顶内的空气逸出。它不仅利用风力发电，还起到热烟囱的作用，引导废气排放。

建筑物屋顶的斜屋顶的角度是使用23° 的坡度计算的，以更好地收集阳光。太阳能电池板和屋顶空气夹层的支撑节点结构为钢结构。屋顶空气夹层的轨迹可以对太阳能电池板进行降温，从而提高太阳能电池板的发电效率，解决了晚春夏初发电效率问题。问题是一旦太阳能电池板用完了，设定温度后发电效率会下降。太阳下的温度，经实测最高可达 50 ～ 60℃，更接近阳光最直射的季节，降低了电池板的生产效率。因此，利用室外排出的废气（温度 30 ～ 34℃）对太阳能电池板部分进行冷却，可实现可再生能源的梯级利用，调节太阳能电池板的发电效率。这也是本项目要解决的可再生能源应用的关键问题。

建筑北侧设有室外平台。平台的栏杆由细铜管和铁翅片制成的空气冷源收集系统组成，实际上是一个去掉外壳的平板太阳能热水器。在这里，空气冷源收集系统收集冬春季节空气中的冷源，循环水与蓄能池相连。蓄能池达到一定水温后，另一条循环水道将冷源带入地层岩石，实现空气和地下冷源的淡季储存和利用。此外，在建筑物的东墙和西墙还预留了安装空气冷却和热源收集系统的位置。冬季，如需提高室内温度，可将冷热源收集系统中的热水加入室内循环水管道。在夏末和秋季，空气冷却和热源收集系统可以将空气中的热量输送到储能池，并将热量储存在地下岩层中供冬季使用。

第六章　国内外典型的绿色智能建筑

绿色办公建筑不仅为人们营造出了舒适的工作环境，提高了工作效率，还促进了许多绿色建筑技术的诞生。本章介绍国内外典型的绿色智能建筑，分析其中所用的绿色建筑技术以及产生的影响，以期为绿色建筑的建造提供一些经验。本章主要包括欧洲绿色办公建筑、中国绿色办公建筑、绿色公共建筑典范、绿色居住典范四部分，主要内容包括德国的“生态之塔”、深圳万科中心、襄阳东站的绿色设计、英国格林威治千年村等内容。

第一节　欧洲绿色办公建筑

一、德国的“生态之塔”

德意志商业银行总部大楼位于德国法兰克福，于1997年竣工。这座53层、高298.74 m的三角形高塔是世界上高层绿色建筑的有益尝试，同时还是目前欧洲最高的一栋超高层办公楼。该大厦投入使用后，第一年的耗电量仅为185 kW · h/m^2，被冠以“生态之塔”“带有空中花园的能量搅拌器”等美称。

该建筑平面为边长60 m的等边三角形，能最大限度地接收阳光，创造良好的视野，同时又可减少对相邻建筑的遮挡。其结构体系是以三角形顶点的3个独立框筒为“巨型柱”，通过8层楼高的钢框架为“巨型梁”连接而围成的巨型筒体结构，具有极好的整体效应和抗推刚度。

除了贯通的中庭和内花园的设计外，该建筑的双层设计手法同样增加了该高层建筑的绿色性。外层是固定的单层玻璃，而内层是可调节的双层Low-E中空玻璃，两层之间是165 mm厚的中空部分。在中空部分还附设了可通过室内调节角度的百叶窗帘，炎热季节通过百叶窗帘可以阻挡阳光的直射，寒冷季节又可以反射更多的阳光到室内。室内外的空气可进入到此空间，完成空气交换。

德意志商业银行总部大厦还配备了建筑管理中控系统，大厦室内的光照、温度、通风等均可通过自动感应器监测并做出相应调整。

二、斯沃琪新总部

（一）项目概况

在谷歌网站上输入“斯沃琪新总部”，半秒钟即可得到750万条结果。这是一栋名副其实的超级网红建筑。世界著名时尚腕表生产商斯沃琪新总部（New Swatch HQ），位于瑞士首都伯尔尼市以北约40 km的比尔（Biel）镇，是迄今为止世界上最大的木结构办公建筑。

该建筑的设计者是普利兹克获奖者、日本明星建筑师坂茂。坂茂以其建筑的精致的结构和非常规的设计方法以及对建筑创新的贡献而闻名于世。他设计了蓬皮杜·梅斯中心和阿斯彭艺术博物馆等知名木结构建筑。2011年坂茂赢得了斯沃琪新总部项目的设计竞赛。经过精心设计和施工，新总部于2019年10月落成。

西方媒体形容斯沃琪新总部像一条蜿蜒前行的巨龙，龙身上的鳞片在阳光下熠熠发光。坂茂独特的建筑创意将斯沃琪品牌元素（如透明性、运动性、意外等）与乐趣和嬉戏感融为一体，建筑的形式像艺术品一样唤起了人们的想象力。

斯沃琪新总部建筑长240 m，宽35 m，高27 m。建筑面积25000 m^2，高5层，为斯沃琪、欧米茄公司的新总部大楼。除常规的工作场所外，整个建筑物还分布着许多公共区域：一楼的自助餐厅向员工及访客开放，建筑物各位置设有小休息处，若有私密性需求可使用单独的“壁舱”；在二楼的尽头设置了“阅读楼梯”，其台阶和景观吸引了公司员工在创意休息期间进行头脑风暴；地下停车场有170个停车位和182个自行车停车位。

（二）建筑结构及构造设计

斯沃琪新总部大楼采用非常规的双曲线建筑外形，建筑结构采用瑞士云杉木加工而成的曲线空间木结构，其屋顶及外墙形成了2800个菱形元素。胶合木梁的高度从760 mm到925 mm不等，最大的正交胶合木梁断面尺寸达925 mm × 200 mm。

外立面每个菱形单元都有不同几何尺寸，其外表皮分为不透明、透明或半透明3种构造形式，以控制室内的光线和隐私级别。一些菱形立面元素可以打开进行排烟，另一些则装有光伏面板。

透明的菱形外立面元素（天窗）由 3 层中空高性能保温玻璃、空气层、铝合金电动遮阳卷帘、外部单层冷弯钢化玻璃构成。中空腔室保持微正压状态以避免灰尘进入，整个单元进行有组织通风，以避免冷凝水的形成。

半透明的菱形覆盖了 40% 的外立面，每个菱形均包含一个双层 ETFE（最强韧的氟塑料）充气膜结构。选择膜结构的主要目的是减轻栅格结构的整体重量，同时其外观形象也有趣别致。ETFE 充气膜结构的强度足以承受雪或冰的重量，但由于单纯 ETFE 膜结构的保温隔热和隔声性能不能满足高品质办公室的要求，故在膜结构内添加了聚碳酸酯层。

在不透明的菱形建筑天花板上有 124 个木制的瑞士十字，上面有细小穿孔用以改善办公室的声学效果。外立面上还有 9 个阳台，面积为 10 ～ 20 m^2，人们可在不同楼层高度上呼吸新鲜空气，欣赏周边风景。

斯沃琪新总部采用参数化设计，将 3D 参数模型直接输入 CNC 数控机床对木材进行精细加工，外立面采用 7700 个木制构件，加工精度达到 0.1 mm。除木构件外，斯沃琪新总部建筑巨大曲线外立面还包含玻璃、金属、ETFE 膜、各种电缆、管线等，预制构件总量为 62792 个，其中仅 72 个预制构件加工失误，错误率为 1.1%。

（三）能源利用与可持续设计

采用木结构是斯沃琪总部可持续战略重要的组成部分。木材是可再生材料，该项目共使用木材 1997 m^3，相当于瑞士森林中 2 h 木材的生长量。屋顶安装了 442 个曲面太阳能光伏发电板，面积共 1770 m^3，每年可发电 212.3 MW · h。采用地源热泵能源系统，将既有的储油池改造成为长效蓄热装置，末端采用地板及天花板辐射采暖制冷系统，提供无风感、高舒适度的室内环境。可再生能源利用基本可覆盖建筑自身运行能量的需求。

第二节　中国绿色办公建筑

一、江苏省建大厦

江苏省建大厦位于江苏省南京市，竣工于 2013 年 5 月 1 日，项目总建筑面积为 51587 m^2，成功申报获得绿色建筑三星级标识。该项目综合考虑了建筑气候的最佳朝向和街道朝向，并在此做出了平衡；合理利用了太阳能和地源热这两种可再生能源，避免了对传统能源的过度依赖；优化了自然采光，并对需要人工照明的地方设置了高效节能的灯具，节省了电力消耗。

项目以绿色集成设计为理念，汇集规划、建筑、结构、暖通设备、景观等多个专业，协同设计，综合考虑，力求建设一座节能高效、健康舒适的绿色办公建筑。采用的主要绿色技术有：透水地面；65% 围护结构节能；太阳能热水系统利用；地源热泵系统；高效节能照明；预制叠合板结构；活动机翼外遮阳；自然采光优化；空气质量监控。

二、深圳万科中心

深圳万科中心是由中建国际设计公司与史蒂文霍尔建筑事务所联合设计完成的，目前已成功认证中国绿色建筑三星级标识。项目利用海滨的气候特点，将底层全部架空，让海滨自然风为建筑和场地降温；建筑外围护结构设置了高性能的保温层，并设置了绿化屋顶，避免建筑与外部环境的过大的热交换；设计了可人工调节的遮阳装置，减少太阳热量进入室内。

项目采取的措施与策略有：第一，建筑的首层全部做架空处理，建筑基底的面积仅有 4748 m^2；第二，项目内地砖全部采用透水材料，配合场地内的绿地、人工湿地等措施，共同降低热岛效应；第三，建筑外墙与屋顶采用了高性能的砌体材料，玻璃幕墙采用双层中空 Low-E 玻璃，并在外墙设置了保温材料，屋面为绿化屋面；第四，外立面设计了可调节的遮阳装置，减少太阳辐射的进入量，降低空调负荷；第五，项目根据当地具体的气候条件，只为空调设置了夏季的制冷模式，且全部为地面送风。

三、东方海港大厦

东方海港大厦位于上海市虹口区，总建筑面积为 39832 ㎡，于 2011 年 6 月通过了绿色建筑三星级标识和 LEE-CS 金级认证。项目位于高密度的城镇地区，避免采用高反射的外部材料，以免造成光污染；采用合理的新风装置，既能为室内创造干净的空气环境，与传统新风装置相比还更加节能；利用了楼宇智能化系统，方便管理人员随时跟踪建筑能耗水平并及时做出调整。

采用的绿色建筑技术有：第一，建筑围护结构墙体部分主要采用 85 mm 岩棉保温，幕墙部分采用中空 Low-E 玻璃，反射率为 15%，属于低反射材料。第二，外立面选用的框架与石材均为漫反射材料，不会对周围造成光污染。第三，副楼及主楼屋顶设置了屋面绿化，采用当地植物，屋顶绿化面积达到 451 ㎡，占屋顶可绿化面积的 33.3%。种植屋顶绿化既增加了项目的绿化面积，缓解了城市热岛效应，又改善了屋顶的保温隔热效果，提高了土地和空间的利用率。第四，在节能方面，该项目新风机组采用热回收热泵式新风机组。通过热回收经济性分析，全年节省电费132974.34元，投资回收期4.16年。第五，在节水方面，卫生间全部采用感应式出水装置，并利用屋面绿化收集雨水，经简单处理后进行道路冲洗，减少市政用水压力。第六，项目在建成后运营阶段应用了楼宇智能化管理系统，包括智能集成管理系统（BMS）和楼宇自控系统（BAS），对水量、用电量实行分项计量，掌握各项能耗水平，以便对能源利用进行合理管理。

第三节　绿色公共建筑典范

一、塞萨查维斯图书馆

塞萨查维斯图书馆是美国建筑师协会认证的2008年全美绿色建筑前十位之一。它采用资源保护方法即避免西向开窗，利用结构自身进行遮阳，通过完美的朝向设置和玻璃与墙体的遮阳使得遮阳区温度低于使用回收废气的室内温度。除此之外，该图书馆通过使用节能材料与地面一体绝热、利用自然光照明、采用高效的雨水回收和暖通空调系统以及具备可调节温湿度的微气候等措施，为室外阅读平台提供尽可能宜人的环境。该馆针对其特殊地理位置，通过批判性思考解决资源保护问题，从而实现环境友好型的生态环保，用最少的额外费用建造加建的使用空间，用最小的环境破坏得到最大的效果，为绿色建筑的典范。

二、襄阳东站

（一）客站介绍

襄阳东站选址于襄阳市东津新区，距市中心约14 km，距离市政府约16 km，距离襄阳城区约9 km。武西、郑万、呼南高铁“三场合一”，站场总规模9台20线，远期2040年日均办理旅客客车303对。车站集多种交通功能于一体，形成以铁路客运为中心的特大型综合交通枢纽。综合交通枢纽工程总建筑面积为64.56万 m^2；其中，铁路车站建筑21.49万 m^2，含站房面积8万 m^2，为最大规模地级市车站。

建筑整体由传统工字形平面演变而来，结合站房的整体式流线形体，打造

“一江两岸”的建筑意向，极具特色。借用楚风建筑“深出檐、高筑台”的重要特征，以宽大的整体式屋檐勾勒轮廓线，形成挡风遮雨的空间，并营造出高耸大气、恢宏完整的建筑形象，自然地映衬“襄阳之门”的设计理念。中部采光屋顶与主入口雨棚互为延伸，一气呵成，与两侧外弧形体自然交汇出中国传统大屋顶的轮廓，是对这座具有深厚历史文化的古城的现代表达。

襄阳东站主要由地上三层和地下二层组成，局部设有不同标高的夹层空间。一层即地面出站层，两侧设有出租车、社会车、长途车和公交车停车场地；二层为车站的站台层，南、北两侧均有高架车道和落客平台，设有进站大厅，通过楼扶梯可到达高架层候车，北侧有贵宾候车室；三层为高架候车层，在高架层楼板下设有空调设备夹层及供检修人员使用的马道，在高架层上局部还设有商业夹层。地下一层为城市轨道站厅层，有轨道站厅、地下开发、地下停车场；地下二层为城市轨道站台层，设置有轨道 2 号线和 3 号线站台。

（二）绿色客站设计策略

根据襄阳市地域气候特征结合项目本身站房的特点，应用适用、经济的绿色建筑技术（如大空间全空气系统新风可调节技术、高效能源系统、场地径流控制和室内环境监控系统等），使项目获得显著的可持续设计效果。襄阳东站在设计中，综合分析绿色建筑策略在站房应用的适用性，针对站点的特点，从节地与室外环境、节能与能源利用、节水与水资源利用、节材与材料资源利用、室内环境质量等方面，确定站房要从以下方面进行绿色建筑设计。

1. 交通的有序设计

襄阳东站采用高架站场、高架站房的“双高架”模式，为实现交通接驳、旅客集散、综合换乘等功能无缝衔接，构建出便捷的无风雨换乘系统，为地级市车站首例。工程采用立体化布局，地上三层、地下二层，从上至下依次为高架候车层、铁路站台层、地面广场层、市政交通站厅层、市政交通站台层。铁路客站广场交通组织方案遵循公共交通优先的原则，交通站点布局合理。各类交通接驳接口叠合布置，如地面的铁路车站出站厅、市政交通出入口、长途汽车、公交车、出租车、社会车、旅游集散中心，以及地下的市政交通 2、3 号线、社会车停车库。

站房区域内设有便捷的人行通道，以联系公共交通站点；场地出入口到达公共汽车站的步行距离不大于 500 m；场地出入口步行距离在 800 m 范围内设有两条及以上线路的公共交通站点（含公共汽车站和轨道交通）。

场地内人行通道采用无障碍设计，设置位置合理且有遮阳防雨措施的自行车停车设施，方便出入；采用错时停车方式向社会开放，提高场（库）使用效率；合理设计地面停车位，不挤占步行空间及活动场所。高架站场下方设置对外开放的停车场，且市政配套有地下停车位。

车站还提供便利的公共服务：两种及两种以上的公共建筑集中设置，或兼容两种及两种以上的公共服务功能；建筑向社会公众提供开放的公共空间；室外活动场地错时向周边居民免费开放。整个站房区域合理开发利用地下空间。公共建筑的地下建筑面积与总用地面积之比达到 0.5。

2. 合理的建筑物理环境

物理环境包含建筑室内外的通风、保温隔热、光环境、声环境等因素。在室外环境设计中，室外日平均热岛强度不高于 1.5 ℃，客站场地内行人区 1.5 m 处风速不宜高于 5 m/s，冬季站房前后压差不宜大于 5 Pa，保证建筑物前后压差适宜，避免出现旋涡和死角。客站不应影响周边居住建筑的日照要求，室外公共活动区域和绿地冬季宜有日照。

对于建筑本体来说，围护结构热工性能指标高于现行国家或地方节能标准的规定。围护结构热工性能比国家现行相关建筑节能设计标准的规定高 5 %。建筑采用合理的开窗设计及其他措施，提高建筑的自然通风效果。建筑设计和构造设计具有诱导气流、促进自然通风的措施，可实现有效的自然通风。建筑物处于部分冷热负荷时和仅部分空间使用时，应采取有效措施节约通风空调系统能耗。空气调节与采暖系统的冷热源设计符合国家和地方公共建筑节能标准及相关节能标准的规定。环境噪声应符合国家标准《声环境质量标准》（GB 3096—2008）的规定。楼板厚度均超过 120 mm，建筑围护结构构件空气声隔声性能、楼板撞击声隔声性能也符合国家标准，主要功能房间隔声性能良好，构件及相邻房间之间的空气声隔声性能达到现行国家标准《民用建筑隔声设计规范》（GB 50118—2010）中的低限标准限值和高要求标准限值的平均值；楼板的撞击声隔声性，达到现行国家标准《民用建筑隔声设计规范》（GB 50118—2010）中的低限标准限值和高要求标准限值的平均值。建筑平面布局和空间功能安排合理，减少相邻空间的噪声干扰，以及外界噪声对室内的影响。冷却塔、柴发、热力机房在室外地面。室内空调机房有降噪处理。

同时为避免产生光污染，玻璃幕墙可见光反射比不大于 0.2。玻璃幕墙透明部分可开启面积比例达到 5%；外窗可开启面积比例达到 30%。公共建筑主要功能房间无明显视线干扰。主功能房间用浅色内饰面，采用外遮阳，候车大厅、售票厅等公共区域有合理的控制眩光措施。

3. 合理的选址和景观绿化措施

项目选址符合所在地城乡规划且符合各类保护区、文物古迹保护的控制要求。场地安全，无洪涝、滑坡、泥石流等自然灾害的威胁，无危险化学品等污染源、易燃易爆危险源的威胁，无电磁辐射、含氡土壤等有害有毒物质的危害。场地内无超标污染物排放（包括电磁辐射污染）。建筑规划布局节约、集约利用土地，容积率不小于 0.5。铁路旅客车站的绿地率不低于 10%。

公共建筑的绿地向社会公众开放。整体站房区域充分利用场地空间合理设置绿色雨水基础设施，下凹式绿地、雨水花园等有调蓄功能的绿地和水体面积之和占绿地面积的比例达到 30%。整体站房区域种植适应当地气候和土壤条件的植物，采用乔、灌、草结合复层绿化，种植区域覆土深度和排水能力满足植物生长需求；局部采用屋顶绿化。

4. 科学施工及材料选择

建筑造型要素应简约且无大量装饰性构件。土建工程与装修工程一体化设计，合理采用高强建筑结构材料，施工现场使用建筑砂浆，使用预拌砂浆和预拌混凝土。施工现场 500 km 以内生产的建筑材料质量占建筑材料总质量的 20% 以上。合理采取其他能够达到节材目的的措施，未采用国家和地方禁止和限制使用的建筑材料及制品。公共建筑公共部位土建与装修一体化设计，土建和装修设计同步进行，土建为装修设计提前预留孔洞。

制定并实施节能、节水、节材等资源节约与绿化、垃圾管理制度。实施资源管理激励机制，管理业绩与节约资源、提高经济效益挂钩。引导并规范资源节约与环境保护行为模式，定期进行培训与宣传。配置垃圾分类收集设施，垃圾容器设置合理，并定期清洗。垃圾分类收集率达 90% 以上。应用建筑信息模型技术，在建筑的设计和施工阶段运用 BIM 技术。

三、哥本哈根大学学生服务中心的“绿色灯塔”

在 2009 年建成的哥本哈根大学学生服务中心的圆形建筑，被称为“绿色灯塔”（Green Light House），共有 3 层，总建筑面积 950 m^2，建于丹麦哥本哈根。“绿色灯塔”项目是零碳排放生态型建筑。

该建筑的形状允许最有效地利用太阳能的自然采光。智能自动窗口管理系统允许在正确的时间打开和关闭窗口。智能系统还有助于有效地自动遮阳。节能 LED 照明用于确保建筑物内部的稳定照明。为了减少热量损失，在施工期间使用了节能建筑材料（增强建筑密闭性），包括 Low-E 窗和高效节能门。

为了减少建筑对能源的消耗，绿色灯塔采用了主动式设计措施，包括应用太阳能供热（300 m^2 太阳能集热板）和制冷系统，安装光伏发电设备（45 m^2 太阳能光伏电池），采用热能动结构和地埋管式季节蓄热系统。

绿色灯塔每年供热消耗指标初步估计为 22 kW·h/m^2，其中 35% 来自屋顶上的太阳能光伏电池，65% 为热泵驱动的区域热能，由储存在地下的太阳能热能供给，对生态环境不会造成威胁。设计细节应确保绿色灯塔节省 70% 的能量。

第四节　绿色居住建筑典范

一、瑞典哈马碧绿色住宅

瑞典首先提出可持续发展理念，通过对可持续发展理念进行实践，在整合经济、社会等资源的同时实现了环境的友好发展。瑞典首都斯德哥尔摩在 1990 年力争 2004 年的奥运会主办权，将哈马碧设置成为奥运村并且进行一系列的改造。虽然申办奥运会失败，但哈马碧的建设并未停止。哈马碧占地约 204 万㎡，大约有 2.8 万名居民，1.2 万个公寓，1.6 万多名工作人员。如今，哈马碧已经建设成了一座高循环、低能耗的宜居生态城，成为全世界建造可持续发展城市的典范，形成了城市与生态相结合的居住地。

瑞典把生态城市的建设作为一个目标，政府为了实现这个目标做出了一系列的设计以求充分利用环境资源。换句话说，就是把城市的整体空间、风俗文化、环境等与交通、建筑、水系统相结合，相互依存，协调发展。瑞典首都斯德哥尔摩在 20 世纪 90 年代建设的“哈马碧”生态城项目，无论在整体规划设计还是建筑单体设计上，企业招标、建设完工和最终运营等环节都采用了诸多生态策略和方法，具有全面性以及前瞻性，项目建成后，当初所设置的环境标准都已经实现，民众有很高的满意度及评价，这一滨水新城的完工完全符合生态城市这一个概念。

“哈马碧”这座城市在建设过程中，提供了许多建设生态城市值得借鉴的经验。

第一，整体设计与环境目标的实现融为一体。“哈马碧”这座城市在建设过程中，首先对其进行整体规划设计，其次，再对它进行整体建设，这个也是它作为生态城市最值得借鉴的经验。同时这座城市的建设目标是成为兼顾健康和环境友好，现阶段承担的环境负荷比初期建设时少一半。斯德哥尔摩市政府设计部门在20世纪90年代末，制定了一系列的严格要求，如城市土地使用、交通、资源消耗等诸多方面，同时也对生态环境、建筑材料等诸多方面下达精确的指令。

想要建设一个美好的生态城市就需要落实严格的环境政策，同时需要不断调整环境方案。在对生态城市进行建设中，需要将环境目标、解决方案和整体设计通盘考虑到整个建设过程中，缺一不可。对“哈马碧”生态城市进行设计的人员分别来自不同的部门，不同的专业，大家一起工作，对项目建设中出现的问题进行逐一讨论与分析，直到最后解决。市政府的管理部门与在进行整体设计中涉及的建筑师，负责处理垃圾、能源的企业等进行交涉，共同探索出现的问题及解决方案，从而达到既定的环境目标。他们在合作过程中，不断地进行信息资源的共享，同时当某些技术人员运用新兴的技术，参与到整体设计过程中的人都在共同探寻能实现资源重复利用、处理废物等方面的解决方案。

第二，不同解决方案构成内部环境循环链。在进行哈马碧的整体设计中，有多种环境的解决方案可供选择，它们之间互相依存，共同构成了一条循环链，这是这座生态城市可值得借鉴的地方之一。在这个循环链中，能源、废物利用等的方案相互交织联系，形成了一个有机整体。

第三，垃圾自动回收系统。哈马碧的垃圾自动回收系统在全球范围内都算比较成熟和领先的。在哈马碧生态城的每个居民楼下，都摆放着颜色各异的垃圾桶。这些垃圾桶实际是地下垃圾回收管道的入口，这些入口都连接着地下垃圾回收的网络系统。在每个垃圾桶内都安装了垃圾回收的传感系统，当回收管道入口的垃圾有一定量后，传感系统会向整个回收系统的中枢控制系统发出信号，中枢系统会立即打开管道隔离区的挡板，所有的垃圾会进入地下垃圾回收管道，最终被抽吸到城市近郊的垃圾处理厂。整个垃圾回收系统的设计遵循一个基本原则，即“就近楼宅源头分拣”“就近街区回收间”“就近地区环保站”三个层级。与此同时，不是所有的垃圾都可以通过垃圾回收系统来自动回收的，居民在垃圾出家门前要做详细的分类。例如，生活垃圾中的有机食物残渣、纸质垃圾等是可以扔进回收系统的。一些塑料制品、金属等可回收的垃圾要人工分类，有毒有害物质更要严格遵守处理程序，放在指定的位置由专门的工作人员来进行回收处理。

第四，节水措施及水分类处理系统。哈马碧目前人均每日用水量约为150升。为了将哈马碧住户的日人均用水量降至100升，社区居民从日常生活用水的细节入手，提高水资源的循环使用效率。每个家庭都倡导安装低用水量的抽水马桶、高标准的洗碗机和洗衣机，并且在水龙头上安装空气阀门，从而有效降低家庭生活用水量。在水分类处理的过程中，哈马碧将生活废水和自然水源（如雨水和雪水）进行区别处理。在哈马碧的所有建筑物之间，都会修筑一些景观水渠，它们和生活污水的排放渠道没有交集，所以不会被污染。这些水渠集聚的水到一定量后就会被排到周边更大的水系。对于水中杂质的沉淀和净化都使用自然沉淀的手段，尽量不借助可能会产生能耗和排放的工具。

关于资源循环利用系统，除了有非常先进的废弃物回收系统和分类处理系统之外，哈马碧的成功之处还在于将这些废弃物进行循环利用，在高循环和低能耗的城市实践中起到了很好的示范、引领作用。

二、英国格林威治千年村

格林威治千年村（千禧村）位于英国伦敦格林威治半岛。此项目由千年村有限公司（GMVL）进行经营，理查德·罗杰斯建筑事务所担任项目总体规划。项目占地共 72 英亩（约 29 公顷），住宅及配套设施约有 2500 套住房，4500 m^2 商业配套用房，是典型的现代生态型居住小区。

格林威治半岛是一个与陆地分离的小岛。早前这里有个煤气厂，对当地环境的污染比较严重，因此早已不被当地居民所使用。20 世纪 90 年代初，伦敦政府进行的泰晤士门户发展计划中以改善沿河景观为目标，因此一度成了庞大的工业垃圾场的格林威治半岛便成了该计划的核心发展点。此后，政府把这块地用作英国千年庆典活动的主会场，更是被大家所关注。

在设计过程中，理查德·罗杰斯及他的团队运用了城市的可持续发展的经典理论。方案的中心是大面积的公共空间及绿地，占了总规划面积的六分之一，还在河岸处营造了一个生态公园。为了适应格林威治半岛特殊的气候条件，在进行规划的过程中，建筑的高度从东面到公共绿地及住宅部分逐渐降低，做了相应的防风设计。住宅区位于这些公共空间的周围，配有商业用房、学校及社区基础公共服务设施。除此之外，岛内最典型的一个生态公园就自带湖泊，位于南边的一个小公园内，并设立了很多方便居民的各类运动设施。

（一）空间布局

格林威治千年村在空间规划过程中，以院落围合式的布局形式进行了空间规划布局，各个庭院被建筑形成的街道进行了围合。为了给居民创造出绿色生态环境，千年村在组织形式上使各建筑组团对绿地进行了包围，而整个千年村周围更是大片的绿地。这样的空间组织形式不仅可以创造良好的生态环境，还可以让居民有更多的空间去使用各类基础设施。

（二）道路交通

由于千年村的配套设施充足，包括展馆、酒店、餐厅、学校、医院、购物中心等，可以满足居民的基本日常生活需求，其他文化娱乐活动都可由半岛设施来满足，因此在道路规划及发展交通过程中，格林威治千年村便采用了绿色出行的理念，甚至提出不在本社区内停车，在保护环境的同时更是为居住区创造了良好的居住环境和空间。

（三）生态环境

格林威治千年村曾经是污染十分严重的地区，因此在进行生态环境的营造过程中，理查德·罗杰斯及他的团队格外关注如何创造良好的生态环境。设计师在环境规划过程中为千年村中的公园铺设了超过 20 个足球场的草坪，种植了成千上万的树木，野生动物也在此安家。这里不仅是人类的乐土，也是野生动物的天堂。而在公园旁边的两个湖也能让野生动物在此繁衍，从而丰富了社区的生态环境。

（四）绿色低碳理念的运用

公共区域照明均采用高效能低功率灯，节能降耗 75%。千年村消耗了普通住宅 35% 的能源，却提供了普通住宅 65% 的容量，实现了资源消耗最小化、资金最节约化，最终节约 80% 的能源消耗和 30% 的用水。格林威治千年村在节能方面，为了提高对自然光的利用率和降低对人工照明的需求，便使用了高能效窗，这样一来不仅提高了窗户的气密性和保温性，还做到了建筑节能。在生态型居住区中，使用无污染的涂料能够有效地减少污染和保护环境，千年村建筑墙体使用这种涂料，不会产生有毒的气体。在生态型居住区中生活垃圾的处理也是一大难点，而格林威治千年村在垃圾处理问题上提出了很多有创意的方案。将垃圾及废物与其他空间进行有效隔离，减少了不必要的接触，从而减少了污染。格林威治千年村在进行项目的规划设计及建设过程中始终以绿色低碳理念为主导，体现了对自然的尊重。设计师在规划设计过程使用全新的做法和传统的建筑材料，展示出了十分有活力的建筑，并实现了节能的目标，利用生态公园的建设给周围的居住环境和生物的多样性创造了条件。此外，格林威治半岛和千年村成功地抓住了社区凝聚力。交通生态和新颖的规划理念对能源的节约以及对可持续发展有着很好的推动。同时也对我国的居住区建设具有很好的启发作用。

三、英国 BedZED 项目

BedZED 项目位于英国伦敦南部威灵顿市，建设在一片废弃土地上，从小区距离伦敦市中心只需 20 min 的火车车程。小区建设有 82 套住宅(公寓、连排)，除此之外，还设计了一个 1400 多 m^2 的办公场所，一个社区俱乐部、足球场和幼儿中心，以及一个展厅，共计有 200 多位居民，以及 60 多位的工作人员在这里生活和工作。

BedZED 项目成功地完成了高度节能的目标，其采用的建材均为可持续材料。该项目的屋顶、墙体、门采用加厚、密封等技术措施；窗户采用木质三层真空玻璃窗；高强度低密度节地型发展规划，房屋南向最大化平面布置设计；采用风动力新风系统、太阳能光电板；采用节电电器、节电灯具；拥有热电统一技术（combined heat and power unit，CHP）；燃料为当地树木修剪后产生的废料；采用低耗水洁具、雨水回收系统、中水系统等。与普通建筑相比，该项目房屋能量总需求量降低 60%，热量需求降低 90%。

该项目获得一系列奖项，如 2001 年住宅设计可持续发展奖、2001 年英国太阳能奖、2002 年施工服务创新奖、2002 年环境全球奖、2002 年世界人居奖、2003 年斯特林奖、2003 年副首相可持续发展社区奖、2004 年公众信任可持续发展奖等。

四、无锡太湖新城生态城——国家低碳生态城示范区

（一）项目概况

无锡太湖新城位于无锡城市南部，北起梁塘河，南至太湖，西邻梅梁湖景区，东至京杭大运河，规划常住人口 100 万。无锡太湖新城作为国家级低碳生态城示范区，在规划过程中致力于打造成一个绿色低碳理念的生态型宜居区。太湖新城是个开放式的现代化新城，因此太湖新城在规划设计过程中，利用绿色建筑、绿色基础设施、清洁能源及倡导居民绿色出行等方式进行了生态型居住区的建设。尤其是中心区和西区着力打造科技前沿且生态优化的宜居城区。

（二）空间布局

太湖新城在 2010 年推出的地块都要求是百分之百的绿色建筑。2.4 km^2 的中瑞低碳生态城的建设指标体系可能更加注重可操作性，更多地强调对实际建

设的引导，在数值上更加强调引领性和示范作用。它也是参照瑞典公司提出的按照七个可持续的方面来做的。另外政府也出台了一个红头文件，清晰了各个部门如何来管理、监督，对每个部门进行了分工。

（三）道路交通

太湖新城在设计过程中倡导绿色出行方式，提高轨道交通线网覆盖度，打造了滨水慢行系统，并优化公交站点布局，加大了公交线路网密度并推广了使用清洁能源的公交工具。

（四）绿色基础设施

太湖新城区在进行基础设施规划设计过程中，已经完成了 16.4 km 的管沟，有效地提高了地面空间的使用效率。慢行系统启用了 10 km 左右。建设目标是中瑞低碳生态城，像道路建设有三方面的技术，一个是太阳能路灯，还有雨水的处理和透水路面，而垃圾的真空收集在小范围内进行了试点。

（五）能源与资源的利用

该区主要是用太阳能和电能，整体可再生能源的使用比例达到 15% 以上。生态环境方面，强调了对原来的水网体系的保护和保留。生态环境的保护方面，增加了种植乔木的数量，并增强了排氧和碳汇能力。

五、重庆悦来国际生态城

（一）项目概况

重庆悦来国际生态城作为西部生态城市的示范型城区，位于重庆市两江新区西部片区。悦来国际生态城在规划建设过程中以绿色低碳理念为规划设计理念，达到了 30% 以上为二星级绿色建筑的绿色建筑标识的目标，在国内生态城区建设历程中成绩卓然，十分具有代表性。

（二）能源的利用

重庆悦来国际生态城的规划过程中，在能源利用方面为了实现可持续能源方案，通过设计并使用节能建筑、在日常生产过程中及规划过程中尽量减少对能源的需求，用节能的生活方式和室内设备也做到了对能源需求量的降低。悦来生态城区在降低能源需求得到确保之后，用最有效的方式对能源进行利用，积极使用了高效设备，还对工业余热或污水排放的水温等多余能源流进行充分利用，并将电能等高价值能源的价值发挥到最佳状态。在生态城区规划建设过程中，在一个热泵中同时生产冷热两种能源，使能源流使用的优化以及建立良好的能源输送网络通过能源存储的方式来实现。在人口稠密的地区，通过用部分区域供热和供冷等方式进行了对能源需求量的降低。在实现了降低能源需求和有效的能源使用后，利用可再生清洁能源的方式获取了生产系统所需要的能源。总之在生态城区规划建设过程中，利用绿色低碳的理念进行对能源的利用，降低了能耗。

（三）生态能源循环模型

重庆悦来生态城在能源循环利用过程中，结合已有能源规划及建成的基础设施能源站的情况，并结合生态城的资源现状，为了合理地提高可再生能源的利用率，使能源充分体现出高效利用的优势，对能源供应进行了以下布置。

在悦来生态城区，居民与重庆市燃气公司合资成立了燃气公司，使得本地使用天然气资源变得十分有利。在核心区建设了能源站，并使用冷热电三联供的方式，考虑在核心区建立能源站，冷热电三联供优势如下：第一，降低了碳污染，减少了污染空气的排放；第二，提高了对能源的利用效率；第三，缓解了生态区电力的短缺问题，在平衡电力峰谷差和燃气峰谷差方面起到了很好的作用；第四，用较高投资回报率实现了较好的经济型。以夏季住宅地块负荷为基础确定三联供动力装置类型，容量不足的冷量和热量由燃气锅炉及电制冷机补充。

参考文献

［1］赵平，龚光症，林波荣，等．绿色建筑用建材产品评价及选材技术体系[M]．北京：中国建材工业出版社，2014．

［2］陈宝胜，毛世辉．绿色建筑产业链专业化投资研究[M]．上海：复旦大学出版社，2015．

［3］杨洪兴，姜希猛．绿色建筑发展与可再生能源应用[M]．北京：中国铁道出版社，2016．

［4］海晓凤．绿色建筑工程管理现状及对策分析[M]．长春：东北师范大学出版社，2017．

［5］刘冰．绿色建筑理念下建筑工程管理研究[M]．成都：电子科技大学出版社，2017．

［6］宋娟，贺龙喜，杨明柱．基于BIM技术的绿色建筑施工新方法研究[M]．长春：吉林科学技术出版社，2018．

［7］王禹，高明．新时期绿色建筑理念与其实践应用研究[M]．北京：中国原子能出版社，2018．

［8］胡德明，陈红英．生态文明理念下绿色建筑和立体城市的构想[M]．杭州：浙江大学出版社，2018．

［9］张柏青．绿色建筑设计与评价：技术应用及案例分析[M]．武汉：武汉大学出版社，2018．

［10］沈艳忱，梅宇靖．绿色建筑施工管理与应用[M]．长春：吉林科学技术出版社，2018．

［11］刘素芳，蔡家伟．现代建筑设计中的绿色技术与人文内涵研究[M]．成都：电子科技大学出版社，2019．

［12］赵先美．生活中的绿色建筑[M]．广州：暨南大学出版社，2019．

［13］刘存刚，彭峰，郭丽娟．绿色建筑理念下的建筑节能研究[M]．长春：吉林教育出版社，2020．

[14] 郭啸晨. 绿色建筑装饰材料的选取与应用 [M]. 武汉：华中科技大学出版社，2020.

[15] 强万明. 超低能耗绿色建筑技术 [M]. 北京：中国建材工业出版社，2020.

[16] 范志燕. 绿色理念在建筑结构设计中的探讨 [J]. 住宅与房地产，2020（30）：64+79.

[17] 吴耀华. 绿色建筑体系中建筑智能化的应用 [J]. 城市建筑，2020，17（30）：90-92.

[18] 陈钱豪. 建筑设计中绿色建筑技术的应用与优化分析 [J]. 大众标准化，2020（20）：30-31.

[19] 郭志强. 绿色建筑技术在建筑工程中的优化应用分析 [J]. 居业，2020（10）：136-137.

[20] 孙凯敏. 绿色建筑设计理念在建筑工程设计中的融合应用 [J]. 决策探索（中），2020（10）：27.

[21] 段晓芳. 绿色建筑设计理念在现代建筑设计中的应用 [J]. 建筑结构，2020，50（19）：139.

[22] 吕宇前. 绿色经济理念下建筑经济的可持续发展分析 [J]. 老字号品牌营销，2020（10）：83-84.

[23] 杜凯. 建筑施工管理及绿色建筑施工管理解析 [J]. 居舍，2020（28）：141-142.

[24] 洪刚. 绿色建筑中暖通空调节能控制方法研究 [J]. 工程技术研究，2020，5（08）：239-240.

[25] 张剑. 智能城市中绿色建筑与暖通空调设计分析 [J]. 中国新技术新产品，2020（06）：96-97.